王晓飞 范利从 郑延斌 ◎编著

市政工程施工组织与管理研究

U0325050

中国原子能出版社
China Atomic Energy Press

图书在版编目（ＣＩＰ）数据

市政工程施工组织与管理研究 / 王晓飞, 范利从,
郑延斌编著. -- 北京：中国原子能出版社, 2020.2 （2021.9 重印）
　ISBN 978-7-5221-0448-5

　Ⅰ.①市… Ⅱ.①王… ②范… ③郑… Ⅲ.①市政工
程—工程施工—施工组织—研究②市政工程—工程施工—
施工管理—研究 Ⅳ.①TU99

　中国版本图书馆 CIP 数据核字(2020)第 032838 号

市政工程施工组织与管理研究

出　　版	中国原子能出版社(北京市海淀区阜成路43号 100048)	
责任编辑	蒋焱兰（邮箱：ylj44@126.com QQ：419148731）	
特约编辑	李　宏　蒋晓鹤	
印　　刷	三河市南阳印刷有限公司	
经　　销	全国新华书店	
开　　本	787mm×1092mm 1/16	
印　　张	15.25	
字　　数	200千字	
版　　次	2020年2月第1版	2021年9月第2次印刷
书　　号	ISBN 978-7-5221-0448-5	
定　　价	68.00元	

出版社网址：http://www.aep.com.cn　E-mail：atomep123@126.com
发行电话：010-68452845　　　　　**版权所有　侵权必究**

前 言

——PREFACE——

市政工程施工是一个十分复杂的过程，为对施工全过程进行有效的控制，在市政工程施工之前，通过细致的图纸学习和认真的调查研究，在反复讨论、统一认识的基础上按规定的内容和格式制订一个综合性计划，以便根据计划，均衡地有计划地组织施工，这个计划就是施工组织设计。通过审批后，施工组织设计作为指导施工全过程的重要技术经济文件，是工程施工过程中的行动纲领。

市政工程建设所包含的城市道路、桥梁、给水排水管道（渠）、供电等领域，是城市的重要基础设施，是城市必不可少的物质基础，是城市经济发展和实行对外开放的基本条件。市政工程所具有的综合性、社会性、实践性和统一性等鲜明的工程特点，是其他建设工程所不可替代的，不管投资主体是谁，其所有权必然属于政府，使用权则属于全社会。国家的工业化都是以大力发展基础设施为前提，并伴随着市政工程的各个领域发展起来的。建设现代化的城市，必须有相应的基础设施，使之与各项事业的发展相适应，以创造良好的生活环境，提高城市的经济效益和社会效益。随着国民经济的快速发展和科技水平的不断提高，市政工程建设领域的技术也得到了迅速发展。在快速发展的科技时代，市政工程建设标准、功能设备、施工技术等在理论与实践方面也有了长足的发展。

市政工程施工从单纯地注重实用性，向实用性、美观性、功能性和文化性的综合方面发展，其质量关系着城市的发展和居民的生活质量，甚至关系着人民的生命财产安全。这就要求市政工程施工中必须有一个完整、科学的组织与管理体系，来对市政工程的施工进行控制，提高工程质量的同时也提高整个市政工程的施工效率。市政工程施工的组织与管理体系能够有效地统筹施工进度与工程质量之间的关系，对其进行深入细致的研究对整个社会的发展有着举足轻重的作用。

目 录

─CONTENTS─

▼

第一章 市政工程概论

随着城镇化进程的日益推进,人们对城市生活水平和质量的要求不断提高,城市功能不断增强,市政基础设施也日趋完善。目前,市政基础设施工程(简称为市政工程或市政公用工程)的内涵已经拓展到了城市道路、桥梁、给水、排水、供电等多个领域。作为城市生命线工程的市政工程已经对现代城市的健康发展起着举足轻重的作用。市政管理部门的职能和作用越来越重要,市政工程所涉及的领域越来越宽,所需要的专业技术人员也越来越多,了解市政工程的基础知识十分有必要。

第一节 市政工程简介

一、市政工程的概念

总体来讲,"市政"的含义很广,它包含城市组织、法规、管理、规划、建设等。内容绝大部分是属于市政工程设施范畴的,如道路、桥涵、雨污水排水管渠、防洪河道、洪道、污水处理、泵站、路灯等。这些工程由城市政府组织有关部门经营管理,通常称为市政公用设施,简称市政工程。市政工程在人们的日常生活当中起着重要的作用[1]。

不同性质的城市,由于经济、社会结构和发展方向不同,对城市基础设施在数量上和质量上的要求就会有所不同。不同的城市人口,不同的城市用地和建筑面积,不同的生产能力和服务设施,需要与其相应的城

---

[1]张红金.市政工程[M].北京:中国计划出版社,2015.

市基础设施相配套。

各项市政工程与城市其他建筑工程相比,具有投资大、工期要求紧的特点,特别是水源、气源、桥梁、隧道、防洪工程建设,少则几千万元,多则上亿元,而且大部分是地下工程和基础工程,需要提前安排,只有这样才能保证它与城市其他建设同步建成和协调发展。

市政工程设施和城市的发展密切相关,是随着城市的发展而同步发展的,两者既是从属关系又是互相依存的关系。一个城市建设的好坏,主要表现在城市的市政工程设施方面,它既表现在城市的外观方面,又表现在城市的内在方面。它不仅关系到各行各业的生产发展,而且关系着千家万户的切身利益。因此,必须高度重视城市的市政工程设施的建设和管理及养护维修工作。

二、市政工程的技术经济特点及发展趋势

(一)市政工程技术经济特点

市政工程是土木工程的一个分支。由于自身工程对象的不断增多以及专门科学技术的发展,市政工程既有其独立的学科体系,又在很大程度上具有土木工程的共性。每项市政工程都要经过勘察、设计、施工三个阶段,而技术人员必须掌握这三个阶段的专门知识,因此它是一门涉及面很广的综合性学科,其经济技术特点主要如下。

1.既自成体系又相互联系

随着社会的发展,城市在经济、政治、文化、交通、公共事业等方面既自成体系,又密切相关。市政工程起着调节和纽带作用,根据城市总体规划,将平面及空间充分利用,将园林绿化、公共设施结合起来统一考虑,减少投资,加快城市建设速度,美化城市,提高市政设施功能。

2.产品的多样性及生产的单件性

市政工程产品是根据产品各自的功能和建设单位的要求,在特定条件下单独设计的,使市政设施表现出差异:有幽静的园林步道及建筑小品;有供车辆行驶的不同等级道路;有跨越河流为联系交通或架设各种管道用的桥梁;有为疏通交通提高车速的环岛及多种形式的立交工程;有供生活生产用的上下水管道;有供热、煤气、电讯等综合性的管沟;有

污水处理厂、再生水厂与防洪堤坝等。每项工程都有不同的规模、结构、造型和装饰,需要选用不同的材料和设备,即使同一类工程,由于地形、地质、水文、气候等自然条件以及交通、材料等社会条件的不同,在建造时,通常也需要对设计图及施工方法、施工组织等做适当的修改和调整。

3. 空间上的固定性及生产的流动性

由市政工程的综合性、多样化引出的市政工程行业是流动性很强的行业,除作业面层次多、战线长之外,全年在不同工地上、不同地区辗转流动。市政工程产品,不论其规模大小,它的基础都是与大地相连的,建设地点和设计方案确定后,它的位置也就固定下来了,从而也使得其生产表现出流动性的特点。在生产中,施工人员、机械、设备、材料等围绕着产品进行流动。当产品完工后,施工单位就将产品在原地移交给使用单位。

4. 受自然条件影响大

由于市政工程大多露天作业,因此受自然条件变化的影响非常大,特别是冬期和雨期施工。冬期需要考虑防寒措施,雨期需要制订防雨、排水计划,否则工期、质量、经济核算都将直接受到影响。

5. 对社会影响较大

市政工程多数都是在先有用户的情况下改建和扩建,影响面广、干扰大,应强调文明施工,困难自己克服,方便留给群众。

6. 可变因素多

市政工程的施工条件变化大,可变因素多,如自然条件(地形、地质、水文、气候等)、技术条件(结构类型、施工工艺、技术装备、材料性能等)和社会条件(物资供应、运输能力、协作条件、环境等)。因此施工组织、计划有随时调整的可能。

(二)市政工程建设的发展趋向

市政工程按照城市总体规划发展的要求,必须坚持为生产、为人民生活服务。切实做好对市政工程的新建、管理、养护与维修。既要求高质量、高速度,又要求高经济效益。这是对市政工程施工提出的新课题,无疑将有力地推动这门学科的前进,它的发展趋向体现在以下几个方面。

1.建筑材料方面

地区不同,资源不同。传统的建筑材料有了新的突破,电厂废料、粉煤灰的利用不断扩大;利用多种废渣做基础正在实验;沥青混凝土的旧料再生正逐步推广;水泥混凝土外加剂被广泛重视等。建筑材料创新虽取得了显著成果,但仍需加快研制,就地取材,降低造价。

2.机械化方面

低标准的道路、一般跨度的桥梁、小管径上下水等继续沿用简易工具,繁重的体力劳动是当前不能废弃的老传统。高标准的道路结构、复杂的桥梁、大管径上下水等就必须采用较为先进的机械设备,才能达到优质、高速、低耗的要求。要增强机械化施工的意识,加速培养机械化操作人员和机械化管理人员,这样才能适应市政工程施工飞速发展的需要。

3.施工管理方面

建筑材料的更新,机械化程度的提高,促进了施工管理水平的进步。单是管理人员心中有数不行,必须发挥广大职工的才智,群策群力。深化改革,实行岗位责任制,必须解放思想,不断实践。绘制进度计划的横道图逐步被统筹法的网络所代替,经济核算由工程竣工后算总账改为预算中各项经济分析超前控制,大型工程的施工组织管理开始应用系统工程的理论方法,从而日益趋向科学化。这样不仅可以提高工程质量,缩短工期,提高劳动生产率,降低成本,还可以解决某些难以处理的技术难题和某些难度较大的工程。

现代市政工程施工已成为一项十分复杂的生产活动,需要组织各种专业的建筑施工队伍和数量众多的建筑材料、建筑机械设备,有条不紊地投入建筑产品的建造;还要组织好种类繁多的、数以百万甚至数以千万吨计的建筑材料、制品以及构配件的生产、运输、储存和供应工作;组织好施工机具的供应、维修和保养工作;组织好施工用临时供水、供电、供气、供热以及安排生产和生活所需要的各种临时建筑物;协调好来自各方面的矛盾……总之,现代市政工程施工涉及的事情和问题点多、面广、错综复杂,只有认真制订好施工组织设计,并认真加以贯彻,才能做到有条不紊地进行施工,并取得良好的效果。

第二节　市政工程项目建设与施工程序

一、市政工程项目建设

(一)市政工程项目建设内容

市政工程项目建设是指市政工程建设项目从规划立项到竣工验收的整个建设过程中的各项工作,包括市政道路、桥涵、管网工程等固定资产的建筑、购置、安装等活动以及与其相关的如勘察设计、征用土地等工作。

市政工程项目建设内容包括以下几方面:第一,建筑安装工程;第二,设备、工具、器具的购置;第三,其他基本建设工作如勘察、设计、征地、拆迁等。

(二)市政工程项目建设程序

市政工程项目建设需要各个部门、各个环节密切配合,并且要求按照既定的需要和科学的总体设计进行建设。在建设过程中任何计划不周或安排不当,都会造成经济损失,带来不良后果。所以,一切基本建设都必须严格按照规定的程序进行[1]。

市政工程项目基本建设程序应当是:根据国民经济长远规划以及城市市政建设规划,提出项目建议书;进行可行性研究,编制可行性研究报告;经批准后进行初步设计;再经批准后列入国家年度基本建设计划,并进行技术设计和施工图设计;设计文件经审批后组织施工;施工完成后,进行竣工验收,然后交付使用。这一程序必须依次进行。其具体内容如下。

1.项目建议书

根据发展国民经济的长远规划和城市市政建设规划,提出项目建议书。项目建议书应对拟建项目的建设目的和要求、主要技术标准、原材

---

①姚隆.市政工程施工项目管理标准化探究[J].装饰装修天地,2019(20):39.

料及资金来源等提出文字说明。项目建议书是进行各项前期准备工作和进行可行性研究的依据。

2.可行性研究

可行性研究是基本建设前期工作的重要组成部分,是建设项目立项、决策的主要依据。

大中型工程、高等级公路及重点工程建设项目(含国防、边防公路)均应进行可行性研究,小型项目可适当简化。市政建设项目可行性研究的任务是:在对拟建工程地区的社会、经济发展和市政路网状况进行充分的调查研究、评价、预测和必要的勘察工作的基础上,对项目建设必要性、经济合理性、技术可行性、实施可能性,提出综合性研究论证报告。

按可行性研究的工作深度,可行性研究划分为预可行性研究和工程可行性研究两个阶段。预可行性研究应重点阐明建设项目的必要性,通过踏勘和调查研究,提出建设项目的规模、技术标准,进行简要的经济效益分析。工程可行性研究应通过必要的测量(高速公路、一级公路必须做)、地质勘探(大桥、隧道及不良地质地段等必须做),在认真调查研究,拥有必要资料的基础上,对不同建设方案从经济上、技术上进行综合论证,提出推荐建设方案。

工程可行性研究报告经审批后作为初步测量及编制初步设计文件的依据,其主要内容有:①建设项目依据、历史背景;②建设地区综合运输网的交通运输现状和建设项目在交通运输网中的地位及作用;③原有市政道路的技术状况及适应程度;④论述建设项目所在地区的经济状况,研究建设项目与经济发展的内在联系,预测交通量、运输量的发展水平;⑤建设项目的地理位置、地形、地质、地震、气候、水文等自然特征;⑥筑路材料来源及运输条件;⑦论证不同建设方案的路线起讫点和主要控制点、建设规模、标准,提出推荐意见;⑧评价建设项目对环境的影响,测算主要工程数量、征地拆迁数量,估算投资,提出资金筹措方式;⑨提出勘测设计、施工计划安排;⑩确定运输成本及有关经济参数,进行经济评价、敏感性分析,收费道路、桥梁、隧道还要做财务分析;⑪评价推荐方案,提出存在的问题和有关建议。

编制可行性研究报告,应严格执行国家的各项政策、规定以及住房和城乡建设部(以下简称住建部)与相关主管部委(如交通运输部、水利部等)颁布的技术标准、规范等。

3.设计文件

市政工程基本建设项目一般采用两阶段设计,即初步设计和施工图设计。对于技术简单、方案明确的小型建设项目,也可采用一阶段设计,即一阶段施工图设计。对于技术复杂、基础资料缺乏和不足的建设项目,或建设项目中的特大桥、互通式立体交叉、隧道、市政道路(高速公路和一级公路)的交通工程及沿线设施中的机电设备工程等,必要时采用三阶段设计,即初步设计、技术设计和施工图设计。市政工程项目基本建设程序的流程如图1-1所示。

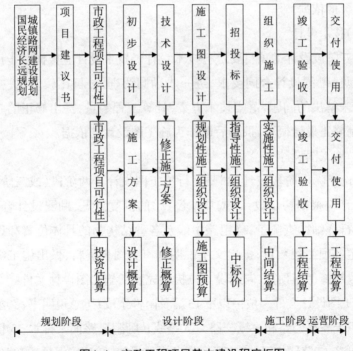

图1-1　市政工程项目基本建设程序框图

(1)初步设计

应根据批复的可行性研究报告、测设合同及勘测资料进行编制。初步设计的目的是确定设计方案,必须进行多设计方案比选,才能确定最合理的设计方案。

选定设计方案时,一般先进行纸上定线,大致确定路线布置方案。然后到现场核对,对路线的走向、控制点、里程和方案的合理性进行实地复查,征求沿线地方政府和建设单位的意见,基本确定路线布置方案。对难以取舍、投资大、地形特殊的路线、复杂特大桥、隧道、立体交叉等大型工程项目一般应选择两个以上的方案进行同深度、同精度的测设工作并通过多方面论证比较,提出最合理的设计方案。

设计方案确定后,拟定修建原则,计算工程数量和主要材料数量,提出初步施工方案,编制设计概算,提供文字说明和有关的图表资料。初步设计文件经审查批复后,即作为订购主要材料、机具、设备及联系征用土地、拆迁等事宜,包括进行施工准备,编制施工图设计文件和控制建设项目投资的依据。

（2）技术设计

按三阶段设计的项目要进行技术设计。技术设计应根据初步设计的批复意见、勘测设计合同要求,进一步勘测调查,分析比较,解决初步设计中尚未解决的问题,落实技术方案,计算工程数量,提出修正的施工方案,编制修正设计概算,批准后即作为施工图设计的依据。

（3）施工图设计

无论是哪一阶段设计,都要进行施工图设计。两阶段（或三阶段）施工图设计应根据初步设计（或技术设计）的批复意见、勘测设计合同,到现场进行详细勘查测量,确定路中线及各种结构物的具体位置和设计尺寸,确定各项工程数量,提出文字说明和有关图表资料,做出施工组织计划,并编制施工图预算,向建设单位提供完整的施工图设计文件。

施工图设计文件一般由以下13篇及附件组成:①总说明书;②总体设计(只用于高速公路和一级公路);③路线;④路基、路面及排水;⑤桥梁涵洞;⑥隧道;⑦路线交叉;⑧交通工程及沿线设施;⑨环境保护;⑩渡口码头及其他工程;⑪筑路材料;⑫施工组织计划;⑬施工图预算;⑭附件。

4.列入年度基本建设计划

建设项目的初步设计和概算报上级审查批准后,才能列入国家基本建设年度计划,这是国家对基本建设实行统一管理的手段。年度计划是年度建设工作的指令性文件,一经确定,如果需要增加投资额或调整项目,必须上报原审批机关批准。

项目列入国家基本建设年度计划后,建设单位根据国家发改委颁发的年度基本建设计划控制资金,按照初步设计文件编制本单位的年度基本建设计划。建设单位年度基本建设计划报经上级批准后,再编制物资、劳动力、财务计划。这些计划分别经过主管机关审查平衡后,作为国家安排生产和财政拨款(或贷款)的依据,并通过招投标或其他方式落实施工单位。

5.施工准备

市政工程施工涉及面广,为了保证施工的顺利进行,建设单位、勘测设计单位、监理单位、施工单位和建设资金筹备银行等都应在施工准备阶段充分做好各自的准备工作。

建设单位应根据计划要求的建设进度组建专门的管理机构,办理登记及征地、拆迁等工作,做好施工沿线各有关单位和部门的协调工作,抓紧配套工程项目的落实,提供技术资料、建筑材料、机具设备的供应。

勘测设计单位应按照技术资料供应协议,按时提供各种图纸资料,做好施工图纸的会审及移交工作。

施工单位应首先熟悉图纸并进行现场核对,编制实施性施工组织设计和施工预算,同时组织先遣人员、部分机具、材料进场;进行施工测量,修筑便道及生产、生活用临时设施,组织材料及技术物资的采购、加工、运输、供应、储备;提出开工报告。

工程监理单位组织监理机构或建立监理组织体系,熟悉施工设计文件和合同文件;组织工程监理人员和设备进入施工现场;根据工程监理制度规定的程序和合同条款,对施工单位的各项施工准备工作进行审批、验收、检查,合格后,使其按合同规定要求如期开工。

6.工程施工

施工准备工作完成后,施工单位必须按上级下达的开工日期或工程承包合同规定的日期开始施工。在建设项目的整个施工过程中,应严格执行有关的法律法规、施工技术规范规程,按照设计要求,确保工程质量,安全施工。坚持施工过程组织原则,加强施工管理,大力推广应用新技术、新工艺,尽量缩短工期,降低工程造价,做好施工记录,建立技术档案。

7.竣工验收、交付使用

建设项目的竣工验收是公路工程基本建设全过程的最后一个程序。工程验收是一项十分细致而又严肃的工作,必须严格按照国家住建部颁发的《关于基本建设项目竣工验收暂行规定》和交通部颁发的《公路工程竣工验收办法》的要求,认真负责地对全部基本建设工程进行竣工验收。竣工验收包括对工程质量、数量、工期、生产能力、建设规模和使用条件的审查。对建设单位和施工企业编报的固定资产移交、清单、隐蔽工程说明和竣工决算(竣工验收时,建设单位必须及时编制竣工决算,核定新增固定资产的价值,考核分析投资效果)等进行细致检查。

当全部基本建设工程经过验收合格,完全符合设计要求后,应立即移交给生产部门正式使用。对存在问题要明确责任,确定处理措施和期限。

二、市政工程施工程序

为了编制合理的施工组织设计,必须了解市政施工程序。市政工程施工程序是指施工单位从接受施工任务到工程竣工验收阶段必须遵守的工作程序。

市政工程施工程序主要包括接受施工任务即签订工程承包合同、施工准备工作、工程施工和竣工验收。

(一)签订工程承包合同

施工单位接受施工任务通常有三种方式:一是上级主管部门统一布置任务,下达计划安排;二是经主管部门同意,自行对外接受任务;三是参加投标,中标而获得任务。现在,施工任务主要通过参加投标,通过建筑市场中的平等竞争而获得。

接受施工项目时,首先应该查证核实工程项目是否列入国家计划,必须有批准的可行性研究、初步设计(或施工图设计)及概(预)算文件方可签订施工承包合同,进行施工准备工作。

接受施工任务,以签订施工承包合同为准。凡接受工程项目,施工单位都必须同建设单位签订工程承包合同,明确各自的权利和义务。合同一经签订,发生法律效力,双方就要严格履行合同。

施工承包合同内容一般包括:①简要说明;②工程概况;③承包方式;④工程质量;⑤开(竣)工日期;⑥工程造价;⑦物资供应与管理;⑧工程拨款与结算办法;⑨违约责任;⑩奖惩条款;⑪双方的配合协作关系等。

(二)施工准备工作

1.施工准备工作的重要性

施工准备工作的基本任务是为市政工程的施工建立必要的技术和物质条件,统筹安排施工力量和施工现场。施工准备工作是施工企业做好目标管理,推行技术经济承包的重要依据,也是施工得以顺利进行的根本保证。因此,施工企业在承接施工任务后,要尽快做好各项准备工作,创造有利的施工条件,使工作能连续、均衡、有节奏、有计划地进行,从而按质、按量、按期完成施工任务。认真做好施工准备工作,对于发挥企业优势、合理配置资源、加快施工进度、保证工程质量和施工安全、降低工程成本、增加企业经济效益,为企业赢得社会效益、实现企业管理现代化等具有重要意义。

以往的工程实践经验已经充分证明:项目领导的重视,施工准备工作做得好,施工就能顺利进行,工程的成本就能得到有效控制,质量和安全就有保证;而思想上不重视,准备工作做得不好的工程项目,则通常会造成施工混乱,进度上不去,因而难以保证工程质量和施工安全,会因资源的浪费而导致增大工程成本,甚至给工程带来灾难性的后果。

根据施工阶段的不同,可将施工准备工作分为两类:第一,工程项目开工前的施工准备,这是在工程正式开工之前所进行的一切施工准备工作,其目的是为工程正式开工创造必要的施工条件。第二,各个施工阶段前的施工准备,这是在工程项目开工之后,每个施工阶段正式开工之前所进行的一切施工准备工作,其目的是为施工阶段正式开工创造必要的施工条件。如一座简支梁桥的施工,一般可分为基础、墩台身、盖梁、梁的预制和安装、桥面工程等施工阶段,而每个施工阶段的施工内容都是不同的,所需要的技术条件、物资条件、组织要求和现场的布置等也各不相同,因此在每个施工阶段开工之前,都必须认真做好相应的施工准备工作。

从上述的分类可以看出,不仅在工程项目开工之前要做好施工准备工作,而且随着工程施工的进展,在各个施工阶段开工之前同样也要做好施工准备工作。施工准备工作既要有阶段性,又要有连贯性,必须有计划、有步骤、分期分阶段地进行,要贯穿于工程项目施工的整个过程。

2.施工准备工作的内容

施工准备工作主要包括:技术准备、劳动组织准备、物资准备和施工现场准备等。

(1)技术准备

技术准备是施工准备的核心。由于任何技术的差错和隐患都可能危及人身安全和引发质量事故,造成生命、财产的巨大损失,因此必须认真做好技术准备工作。技术准备的具体内容如下。

第一,熟悉设计文件,研究核对设计图纸。为使参与施工的工程技术人员充分了解和掌握设计意图、结构和构造特点以及技术质量要求,能够按照设计文件要求顺利进行施工,在收到拟建市政工程的设计图纸和有关技术文件后,应尽快组织技术人员熟悉、研究核对所有技术文件和图纸。通过熟悉和研究核对,全面领会设计意图,透彻地了解工程的设计标准、结构和构造细节,检查核对设计图纸与其各组成部分之间有无矛盾或错误,在几何尺寸、坐标、高程、说明等方面是否一致,技术要求是否正确等。在进行研究核对的同时,要将从设计文件和图纸中发现的疑问、问题或错误做出详细记录。当发现按设计要求进行施工确有在当时技术条件下难以克服的困难,或设计上确有不合理之处时,应尽早提出,及时与设计单位和监理工程师协商解决。

第二,进一步调查分析原始资料。尽管设计文件中已提供了有关的资料,在施工前仍应对施工现场进行实地勘察,以尽可能多地获得有关原始数据的第一手资料。这对于正确选择施工方案、制订技术措施、合理安排施工顺序和施工进度计划以及编制切合实际的施工组织设计都是非常必要的。

自然条件的调查分析。首先是地质,应了解的主要内容有地质构造、基岩埋深、岩层状态、岩石性质、覆盖层土质、土的性质和类别、地基土的容许承载力、土的冻结深度、妨碍基础施工的地下障碍物、地震级别和烈度等。其次是水文,主要应调查的内容有河流的流量和水质、年水位变化情况、最高洪水位和最低枯水位的时期及持续时间、流速和漂浮物、地下水位的高低变化、含水层的厚度和流向;冰冻地区的河流封冻时间、融冰时间、流冰水位、冰块大小;受潮汐影响河流或水域中潮水的涨落时间、潮水位的变化规律和潮流等情况。最后是气象,应调查的内容一般包括气候、气温、降雨、降雪、冰冻、台风、龙卷风、雷雨大风、风向、风速等变化规律及历年记录;冬期、雨期的期限及冬期地层冻结厚度等情况。

技术经济条件的调查分析。主要内容包括:施工现场的动迁、当地可利用的地方材料、砂石料场、水泥生产厂家及产品质量、地方能源和交通运输、地方劳动力和技术水平,当地生活物资供应、可提供的施工用水用电条件、设备租赁、当地消防治安、分包单位的力量和技术水平等状况。

第三,施工前的设计技术交底。施工前的设计技术交底工作,通常由建设单位主持,设计、监理和施工单位参加。首先由设计单位的设计负责人说明工程的设计依据、意图和功能要求,并对特殊结构、新技术和新材料等提出设计要求,说明施工中应注意的关键技术问题等,进行设计技术交底。然后施工单位根据研究核对设计文件和图纸的记录以及对设计意图的理解,提出对设计图纸的疑问、建议或变更。最后在统一认识的基础上,对所探讨的问题逐一做好记录,形成"设计技术交底纪要",由建设单位正式行文,参加单位共同会商盖章,作为施工合同的一个补充文本。这个补充文本是与设计文件同时使用的,是指导施工的依据,也是建设单位与施工单位进行工程结算的依据之一。

第四,确定施工方案,进行施工设计。在全面熟悉掌握设计文件和设计图纸后,正确理解设计意图和技术要求以及进行了以施工为目的的各项调查之后,应根据进一步掌握的情况和资料,对投标时拟定的初步施工方法和技术措施等进行重新评价和深入研究,以制订出详尽的更符合现场实际情况的施工方案。

施工方案一经确定,即可进行各项临时性结构的施工设计。如桥梁工程的临时结构有基础施工的围堰、沉井或钢围堰的制造场地及下水、浮运、就位、下沉等设施,钻孔桩水上工作平台,连续梁顶推施工的台座和浇筑场地,悬浇施工的挂篮,装配式桥梁的预制台座,安装导梁或架桥机模板、支架和脚手架,自制起重吊装设备,施工便桥、便道及装卸码头等。施工设计应在保证安全的前提下要尽量考虑使用现有的材料和设备,因地制宜,使设计出的临时结构经济适用、装拆简便、通用性强。

第五,编制施工组织设计和施工预算。施工组织设计是施工准备工作的重要组成部分,也是指导施工现场全部生产活动的基本技术经济文件。编制施工组织设计的目的在于全面、合理、有计划地组织施工,从而具体实现设计意图,优质高效地完成施工任务。因此,在施工之前,必须根据拟建市政工程的规模、结构特点和施工合同的要求,在对原始资料调查分析的基础上,编制出一份能切实指导该工程全部施工活动的组织设计。

施工预算是在工程中标价的基础上,根据施工图纸、施工组织设计、施工定额等文件进行编制的。施工预算是施工企业内部控制各项成本支出、考核用工、签发施工任务单、限额领料以及进行经济核算的依据,也是签订分包合同时确定分包价格的依据。那种不编制施工预算,而仅用投标书中的标价来指导施工的做法,并不能对施工过程中全部经济活动进行切实有效地控制,因此在施工前还应认真地编制施工预算。

(2)劳动组织准备

劳动组织准备主要包括以下五个方面的准备。

第一,建立施工组织机构。施工组织机构的建立应根据桥梁工程项目的规模、结构特点和工程的复杂程度来决定。为了有效地进行各项管理工作,在项目经理之下应设置一定的职能部门,分别处理有关的职能事务。人员的配备应适应任务的需要,要力求精干、高效。机构的设置要符合精简的原则,坚持合理分工与密切协作相结合,分工明确,责权具体,便于指挥和管理。

第二,合理设置施工班组。施工班组的建立应认真考虑专业和工种之间的合理配置,技工和普工的比例要满足合理的劳动组织,并符合流水作业方式的要求。同时要制订出工程所需的劳动力需要量计划。

第三,施工力量的集结进场和培训。在建立工地组织领导机构后,根据各分部、分项工程的开工日期和劳动力需要量计划,分批分阶段地组织劳动力进场,并及时组织进行入岗前的培训教育工作。因为施工生产中的决定性因素是人,所以施工力量的集结进场和特殊工种及缺门工种的培训教育工作是施工准备工作的一项重要任务。施工中需要的工种很多,如木工、起重工、混凝土工、钢筋工、电焊工、预应力张拉工、测量工、试验工、机械修理工等都是市政工程施工中不可缺少的工种。而潜水工、新工艺的操作工等属于特殊工种,对这些直接为施工服务的工种及其他缺乏的工种或技术水平要求较高的工种,进场前都应进行技术、质量、安全操作、消防和文明施工等方面的培训教育。

第四,向施工班组和操作工人进行开工前的交底。在单位工程或分部、分项工程开工之前,应将工程的设计内容、施工组织设计、施工计划和施工的技术质量要求等,详尽地向施工班组和操作工人进行讲解、交代,以保证工程能严格按照设计图纸、施工组织设计、施工技术规范、安全操作规程和施工质量检验评定标准的要求进行施工。交底工作应按照管理系统自上而下逐级进行,根据不同对象,交底可采取书面、口头和现场示范等形式。

交底的内容主要有:工程的施工进度计划、月(旬)作业计划;施工组织设计,尤其是施工工艺、质量标准、安全技术措施、降低成本措施和施工验收规范的要求;新技术、新结构、新材料和新工艺的施工实施方案及保证措施,有关部位的设计变更和技术核定等事项。

班组和操作工人在接受交底后,要组织成员对所担负的工作进行认真的分析研究,弄清结构的关键部位、要达到的质量标准、须采取的安全措施以及应遵循的操作要领,并明确任务,做好分工协作。

第五,工地必须建立健全各项管理制度,以使各项施工活动能顺利进行。在施工过程中,有章不循其后果是严重的,无章可依则更是危险。工地一般应建立技术质量责任、工程技术档案、施工图纸学习、技术交底、职工考勤考核、工程材料和构件的检查验收、工程质量检查与验收、材料出入库和保管、安全操作、机具使用保养等管理制度。

(3)物资准备

各种材料、构件、制品、机具和设备是保证工程施工顺利进行的物质基础。这些物资的准备工作必须在相应的工程开工之前完成,方能满足工程连续施工的要求。

物资准备工作的内容主要包括:工程材料的准备,如普通钢材、预应力材料、木材、水泥和砂石材料等;构件和制品的加工准备;施工机具设备的准备以及各种工具和配件的准备等。

物资准备工作的程序一般为:根据施工预算、分部分项工程的施工方法和施工进度安排制订需要量计划;与有关单位签订供货合同;拟定运输计划和运输方案;按施工平面图的要求,组织物资按计划时间进场,在指定地点、按规定方式进行储存或堆放,以便随时提供给工程使用。

(4)施工现场准备

施工现场的准备工作,主要是为工程的施工创造有利的施工条件和物资保证。

第一,做好施工测量控制网的复测和加密工作。按照设计单位提供的工程总平面图及测量控制网中给定的基线桩、水准基桩和重要标志沟保护桩等资料,在施工现场进行三角控制网的复测。并根据工程的精度要求和施工方案,补充加密施工所需要的各种标桩,建立满足施工要求的工程测量控制网。

第二,做好施工现场的补充钻探。工程在设计时所依据的地质钻探资料,有时因钻孔数量较少或钻孔位置相距过远而不能充分反映实际的地质情况。为满足施工的需要,有必要对一些墩位或桩位进行补充钻探,以查明实际的地质情况或可能存在的地下障碍物,为基础工程的施工创造有利条件。

第三,做好"三通一平"。"三通一平"是指路通、水通、电通和平整场地。为满足采用蒸汽养生和寒冷冰冻地区取暖的需要,还要考虑做好供热工作。

第四,建造临时设施。按照施工总平面图的布置,建造各种生产、办公、生活居住和储存等临时房屋以及施工便道、便桥、码头、混凝土搅拌站和构件预制场等大型临时设施。由于临时设施的项目繁多,内容庞杂,因此建造时应精打细算,做好规划,合理地确定项目、数量和进度等。要因地制宜,降低造价,使之尽量标准化和通用化,以便于拆迁和重复利用。

第五,安装调试施工机具。按照施工机具需要量计划、组织施工机具的进场,并根据施工总平面图的布置将施工机具安置在规定的地点。对所有施工机具都必须在开工之前进行检查和试运转。

第六,原材料的试验和储存堆放。按照材料的需要量计划,应及时提供材料试验,如钢材的机械性能试验,预应力材料的力学性能试验,水泥、砂石等原材料的试验以及混凝土的配合比试验等的申请计划。材料的进场要及时组织,进场后应按规定的地点和指定的方式进行储存和堆放。

第七,做好冬雨期施工安排。按照施工组织设计的要求,落实冬雨期的临时设施和技术措施,做好施工安排。

第八,落实消防和保安措施。建立消防和保安等组织机构,制订有关的规章制度,布置安排好消防保安等措施。

(三)工程施工

组织施工应有以下基本文件:设计图纸、资料;施工规范和技术操作规程;各种定额;施工图预算;实施性施工组织设计;工程质量检验评定标准和施工验收规范;施工安全操作规程。

在开工报告批准后,才能开始正式施工。施工应严格按照设计图纸进行,如需要变更,必须事先按规定程序报经监理工程师或建设单位批准。按照施工组织设计确定的施工方法、施工顺序及进度要求进行施工。为了确保质量、安全操作,施工要严格按照设计要求和施工技术规范、验收规程进行。发现问题,及时解决。

市政工程施工是一项复杂的系统工程,必须科学合理地组织,建立正常、文明的施工秩序,有效地使用劳动力、材料、机具、设备、资金等。施工方案要因地制宜、结合实际,施工方法要先进合理、切实可行。施工中既要保证工程质量和施工进度,又要注意保护环境、安全生产,确保优质、高效、低耗、安全地全面完成施工计划任务。

(四)竣工验收

市政工程基本建设项目的竣工验收是全面考核市政工程设计成果,检验设计和施工质量的重要环节。做好竣工验收工作,总结建设经验,对今后提高建设质量和管理水平有重要作用。市政工程施工单位在竣工验收阶段应做好以下几项工作。

1.竣工验收准备

工程项目按设计要求建成后,施工单位应自行初检。初检时,要进行竣工测量,编制竣工图表;认真检查各分部工程,发现有不符合设计要求和验收标准之处应及时修改;整理好原始记录、工程变更设计记录、材料试验记录等施工资料;提出初检报告,按投资隶属关系上报。初检报告一般包括如下内容:初检工作的组织情况;工程概况及竣工工程数量;各单项工程检查情况和工程质量情况;检查中发现的重大质量问题及处理意见;遗留问题的处理意见和提交竣工验收时讨论的问题。

2.竣工验收工作

施工单位所承担的工程全部完成后,经初检符合设计要求,并具备相应的施工文件资料,应及时报请上级领导单位组织竣工验收。

竣工验收的具体工作由验收委员会负责完成。验收委员会在听取施工单位的施工情况和初检情况汇报并审查各项施工资料之后,采取全面检查、重点复查的方法进行验收。对初检时有争议的工程及确定返工的工程,应全面检查和复测。对高填、深挖、急弯、陡坡路段,应重点抽查。小桥涵及一般构造物,一般路段路基、路面及排水和安全设施等,可采取随机抽查的方式进行检查。检查过程中,必要时可采用挖探、取样试验等手段。

验收工作以设计文件为依据,按照国家有关规定,分析检查结果,评定工程质量等级,并经监理工程师签认。对需要返工的工程,应查明原因,提出处理意见,由施工单位负责按期修复。目前市政工程主要验收规范有《城镇道路工程施工与质量验收规范》(CJJ 1—2008)、《城市桥梁工程施工与质量验收规范》(CJJ 2—2008)、《给水排水管道工程施工及验收规范》(GB 50268—2008)等。

3.技术总结

竣工验收通过后,施工单位应认真做好工程施工的技术总结,以利于不断提高施工技术水平和管理水平。对于施工中采用的新技术和重大技术革新项目以及施工组织、技术管理、工程质量、安全工作等方面的成绩,应进行总结和推广。

4.建立技术档案

技术档案包括设计文件、施工图表原始记录、竣工文件、验收资料、专题施工技术总结等。在工程竣工验收后,由施工单位汇集整理,装订成册,按管理等级建档保存,以备今后查用。

第三节　基本建设项目的基础知识

一、基本建设项目概念

(一)基本建设含义

基本建设指固定资产建设,即投资进行建设、购置和安装固定资产以及与此相联系的其他经济活动。20世纪50年代以来,我国关于基本建设的概念存在着一些不同认识,基本建设工作内容也或多或少发生了一些变化,但基本建设的实质内涵并没有大的改变。

基本建设是形成新的固定资产,或者说,是以扩大生产能力或新增工程效益为主要目的,以建设或购置固定资产为主要内容的经济活动。

基本建设的形式包括新建、改建、扩建、恢复工程及与之相联系的其他经济活动。它不是零星的、少量的固定资产建设,而是具有整体性、需要一定量投资额以上的固定资产建设。

(二)基本建设项目及其特点

1.基本建设项目与固定资产投资

基本建设项目,是指在一个总体设计或初步设计范围内,由一个或若干个互有内在联系的单项工程(指建成后能独立发挥效益的工程)所组成,建成后在经济上可以独立经营、在行政上可以统一管理的建设单位[①]。

基本建设项目与技术改造项目共同构成固定资产投资项目。由此可见固定资产投资与基本建设的关系:首先,固定资产投资从资金的形成到实物形态的转化,即增加新的固定资产,必须通过基本建设活动(而基本建设经济活动的主体是基本建设项目),通过建成基本建设项目来完成;其次,基本建设项目的建设投资是固定资产投资的重要组成部分。

2.基本建设项目与技术改造项目的范围划分

按照国家规定,在实际工程中划分基本建设项目和技术改造项目,主要有以下几个方面。

(1)以工程建设的内容、主要目的来划分

一般把以扩大生产能力(或新增工程效益)为主要建设内容和目的作为基本建设项目;把以节约成本、增加产品品种,提高质量、治理"二废"、劳保安全为主要建设内容和目的作为技术改造项目。

(2)以投资来源划分

以利用国家预算内拨款(基本建设基金)、银行基本建设贷款为主的投资用于基本建设;以利用企业基本折旧基金、企业自有资金和银行技术改造贷款为主的投资用于技术改造项目。

(3)以土建工作量划分

凡是项目土建工作量投资占整个项目投资30%以上的作为基本建设项目。

---

①陈志远. 市政工程建设管理系统设计与实现[D]. 长沙:湖南大学,2016.

(4)按项目所列的计划划分

凡列入基本建设计划的项目,一律按基本建设项目处理;凡列入更新改造计划的项目,按技术改造项目处理。

需要说明的是,划分基本建设项目和技术改造项目,只限于全民所有制企业单位的建设项目,对于所有非全民所有制单位、所有非生产性部门的建设项目,一般不作这种划分。

3.基本建设项目的特点

(1)一次性

基本建设是一次性项目,就其成果来看具有单件性,投资额特别大,所以在建设中只能成功。如达不到要求,将产生极为不好的影响,甚至直接关系到国民经济的发展。

(2)建设周期长

在很长时间内,基本建设只消耗人力、物力、财力,而不提供任何产品,风险比较大。

(3)整体性强

基本建设每一个项目都有独立的设计文件,在总体设计范围内,各单项工程具有不可分割的联系,一些大的项目还有许多配套工程,缺一不可。

(4)产品具有固定性

基本建设产品的固定性,使得其设计单一,不能成批生产(建设),也给实施带来复杂性,且受环境影响大,管理复杂。

(5)协作要求高

基本建设项目比一般工业产品大得多,协作要求高,涉及行业多,协调控制难度大。

二、基本建设项目分类

为了适应科学管理的需要,从不同角度反映基本建设项目的地位、作用、性质、投资方向及有关比例关系,在基本建设管理工作中,对项目要进行不同组合的分类。

（一）按行业投资用途分类

按行业投资用途分类主要有以下几个方面:第一,生产性基本建设项目,指直接用于物质生产或满足物质生产需要的建设项目;第二,非生产性基本建设项目,指用于满足人民物质和文化生活需要的建设项目以及其他非物质生产的建设项目;第三,按三次产业划分,分为第一产业(农业)项目、第二产业(工业、建筑业和地质勘探)项目和第三产业项目。

（二）按建设性质分类

按建设性质分类主要有以下五点:第一,新建项目,指从无到有、"平地起家"的建设项目。第二,扩建项目,指现有企业为扩大原有产品的生产能力或效益和为增加新的品种生产能力而增加的主要生产车间或工程项目及事业和行政单位增建业务用房等。第三,改建项目,指现有企业或事业单位对原有厂房、设备、工艺流程进行技术改造或固定资产更新的项目,有些是为提高综合能力,增建一些附属、辅助车间或非生产性工程,从建筑性质来看部属于基本建设中的改建项目。第四,恢复项目,指企业、事业和行政单位的原有固定资产因自然灾害或人为灾害等已全部或部分报废,而投资重新建设的项目。第五,迁建项目,指原有固定资产,因某种需要,搬迁到另外的地方进行建设的项目;易地建设,不论其建设规模,都属迁建项目。

（三）按建设规模分类

按国家规定的标准,基本建设项目划分为大型、中型和小型三类。

按建设项目投资额标准划分,基本建设生产性建设项目中能源、交通、原材料部门投资额在5000万元以上、其他部门和非生产性建设项目投资额在3000万元以上的为大中型基本建设项目,在此限额以下的为小型建设项目。

按建设项目生产能力或使用效益标准划分,国家对各行各业都有具体规定。

（四）按投资主体分类

按投资主体分类的基本建设项目主要有:国家投资建设项目;各级地方政府投资的建设项目;企业投资的建设项目;"三资"企业的建设项目;

各类投资主体联合投资的建设项目。

（五）按管理体制分类

1.按隶属关系分类

这类项目有:部直属单位的建设项目;地方领导和管理的建设项目;部直属项目,指经国务院有关部门和地方协商后,由国务院有关部门下达基本建设计划并安排解决统配物资的部分地方建设项目。

2.按管理系统分类

指按国务院归口部门对建设项目分类。按管理系统划分与按行业划分不同,建设单位不论属哪个行业,都要按管理部门划分。

（六）按工作阶段分类

处于建设不同阶段的基本建设项目有:预备项目(或探讨项目);筹建项目(或前期工作项目);施工项目(包括新开工和续建项目);建成投产项目;收尾项目。

三、基本建设项目的组成

（一）建设项目

一般指符合国家总体建设计划,能独立发挥生产能力或满足生活需要,其项目建议书经批准立项,可行性研究报告经批准的建设任务。如工业建设中的一座工厂、一座矿山,民用建设中的一个居民区、一幢住宅、一所学校。

市政工程建设项目,一般指建成后可以发挥其使用价值和投资效益的一条道路、一座独立大中型桥梁或一条隧道。

按国家计划及建设主管部门的规定,一个建设项目应有一个总体设计,在总体设计的范围内可以由若干个单项工程组成(如一个建设项目划分为几个标段),经济上实行统一核算,行政上实行统一管理,也可以分批分期进行修建。一个建设项目可以由一个单项工程或几个单项工程组成。

（二）单项工程

单项工程又称工程项目,是具有独立的设计文件,在竣工后能独立发挥设计规定的生产能力或效益的工程。如工业建筑中的生产车间、办公楼,民用建筑中的教学楼、图书馆、宿舍楼等。

市政工程建设的单项工程一般指一条道路、独立的桥梁工程、隧道工程,这些工程一般包括与已有公路的接线,建成后可以独立发挥交通功能。但一条路线中的桥梁或隧道,在整个路线未修通前并不能发挥交通功能,也就不能作为一个单项工程。一个单项工程可以由几个单位工程组成。

(三)单位工程

单位工程是单项工程的组成部分,是指在单项工程中具有单独设计文件和独立施工条件,并可单独作为成本计算对象的部分。如单项工程中的生产车间的厂房修建、设备安装等,市政工程中同一合同段内的路线、桥涵等。由此可见,单位工程一般不能独立发挥生产能力和使用效益。一个单位工程可以包含若干分部工程。

(四)分部工程

分部工程是单位工程的组成部分,一般是按单位工程中的主要结构、主要部位来划分的。如工业与民用建筑中的房屋的基础、墙体等。

在市政建设工程中,按工程部位划分为路基工程、路面工程、桥涵工程等;按工程结构和施工工艺划分为土石方工程、混凝土工程和砌筑工程等。一个分部工程包含若干分项工程。

(五)分项工程

分项工程是分部工程的组成部分,是根据分部工程划分的原则,再进一步将分部工程分成若干个分项工程。分项工程是按照不同的施工方法、不同的施工部位、不同的材料、不同的质量要求和工作难易程度来划分的,是概预算定额的基本计量单位,故也称为工程定额子目或工程细目。

一般来说,分项工程只是建筑或安装工程的一种基本构成要素,是为了确定建筑或安装工程费用而划分出来的一种假定产品,以便作为分部工程的组成部分。因此,分项工程的独立存在是没有意义的。

第二章 市政工程施工组织总设计

　　市政工程施工组织的设计涉及面广,为了更好地论述相关问题,本章以上海五角场环岛立交的施工组织为例,就施工组织程序及进度计划、施工方案及技术措施、工程施工管理及措施等内容进行梳理。

　　五角场环岛立交位于上海市东北部,距上海市中心约9千米,其环岛部分为五岔路口,由翔殷路、邯郸路两条快速路,淞沪路、黄兴路、四平路三条城市主干路相交而成,其中翔殷路至邯郸路部分为城市中环线组成部分之一,是区域发展的东西轴;黄兴路至淞沪路为城市内环线的切向放射线,是区域发展的南北轴;四平路是市区骨架路网"三纵三横"中三纵东线。

　　五角场环岛立交分为四层,第一层为下穿下沉式广场的黄兴路至淞沪路车行道;第二层为椭圆形下沉式广场;第三层为环岛交方式的地面道路;第四层为从下沉式广场上方通过的中环主线邯郸路至翔殷路的高架道路。

第一节　施工组织程序及进度计划

一、施工组织及程序

　　五角场环岛立交工程由于工程量大,工序、工种类型繁杂,施工内容较多且相互影响、相互穿插,工期紧,同时,由于交通、管线、拆迁等因素对工程的正常进展有很大的制约因素,因而,在施工中根据交通组织情况,将整个工程进展分为两期,共4个阶段。

(一)两期

1.第一期

管线搬迁、道路拓宽及部分主体结构施工;黄兴路—淞沪路车行地道D10、D16节施工,为第二次翻交做准备。

2.第二期

地道及高架程主体结构施工,道路工程及附属工程施工。同时,按工程的工艺要求,结合交通组织、拆迁、管线等因素,将整个工程划分为翔殷路施工区、黄兴路—四平路施工区、邯郸路施工区、淞沪路施工区、中央环岛施工区等几个施工区。

(二)4个阶段

1.第一阶段

第一阶段主要为管线迁排、道路拓宽及部分主体结构施工。本阶段中,主要进行环岛及五条道路的拆迁拓宽、管线迁排施工和位于拓宽部分的各类构筑物的实施,同步进行的还有位于拓宽部分的桥梁工程和排水工程等。这一阶段是本工程能否顺利展开和能否如期完成的前期条件,其主要工程内容包括以下部分。

(1)环岛范围

施工准备(交通便道、围场翻交、管线临时搬迁等);环岛排水管道施工,同时解决工程临时排水;人行通道的施工;泵站施工;规划排水管线的敷设;环岛道路的施工;跨线桥#12、#13墩影响人行通道施工的钻孔桩及承台的实施。

(2)五条道路范围

前期动拆迁,翔殷路排水管道过路管实施。

2.第二阶段

第二阶段主要为D10节、D16节地道施工。本阶段作业安排,实际上是第一阶段的延伸,也可以作为第一阶段施工的一部分,它的主要工作内容为:待拆迁工作结束后,在黄兴路和淞沪路靠近环岛处隔离出两处施工区,以进行D10节、D16节地道的施工,为第二次翻交做准备。

第二阶段施工内容主要包括:第一,环岛范围。地道D10节、D16节的施工;排水、电信、电力等公用规划管线的实施;道路施工。第二,五条道路范围。黄兴路排水管道;黄兴路道路拓宽;翔殷路排水管道(位于拓宽部分);翔殷路道路拓宽;四平路、邯郸路道路拓宽。

3.第三阶段

本阶段为主体工程实施阶段,基本上所有工程的实施均要全面展开。其主要工作内容如下:淞沪路—黄兴路地道A、B、D、F、G段;邯郸路—翔殷路跨线桥;下沉式广场;国和路上匝道等。

4.第四阶段

第四阶段主要为路面结构及附属工程施工。本阶段中的交通基本上沿用第三阶段组织形式,进行跨线桥、地道、泵站以及规划人行道和路面工程等一系列附属工程的实施,其主要工程内容包括:①跨线桥桥面铺装及防撞墙施工;②地道内装饰工程;③人行地道敞开段的收尾;④泵站内设备安装;⑤恢复各条道路因施工影响和破坏部分的路基结构,道路面层施工;⑥桥面铺装、防撞墙及伸缩缝等桥梁附属工程施工;⑦其他零星工程施工收尾。

二、施工进度计划

五角场环岛立交工程原投标的工期为2003年3月28日至2005年3月28日,但是,根据当时的形势,施工竣工时间提前至2004年底,同时,前期动拆迁工作目前尚未展开,根据杨浦区拆迁办和业主代建制单位的计划,房屋动拆迁计划于2003年7月底结束,各公用管线于2003年11月底搬迁完毕,为确保本工程在规定的工期内完成,根据现场实际情况,采取倒排计划的方式进行施工组织和工程实施。

由于本工程施工项目涉及内容广,施工工期短,工作内容多(包括桥梁工程、地道工程、道路及排水工程等),加之该工程地处五角场交叉口,对施工中的交通组织要求高,因此要在如此短的工期内,完成如此大的工作量,总体工期的合理安排、材料机具设备的调配及劳动力的合理安排是至关重要的。要根据总工期进度,合理安排现场施工段和作业面并合理配置机具设备和劳动力,在劳动力和机具设备的使用上做到统筹安排,不出现局部过度集中和分散或是待工、抢工现象,对工序衔接中要求突前的工序应安排劳动力和机具设备集中施工。具体的劳动力配置,要根据现场项目组划分,在关键工序安排合理的前提下,组织施工力量,机具设备和材料供应。各单位工程分片施工组织设计要根据总体施工进度计划进行工程工料机具分析和安排施工人员、机械设备、材料供应计划[①]。

第二节 施工方案及技术措施

由于动拆迁等前期"三通一平"工作与招标方案发生重大变化,且工程节点工期提前至2004年底,为尽早开工,并保证施工方案的可实施性,必须规划好可遇见施工条件下的排水管道工程施工方案及排水管道施工过程中的交通便道方案、交通组织方案等,这也是黄兴路—淞沪路车行道、跨线桥等主体工程实施的前提条件。

一、交通便道实施

根据交通组织方案,为满足五角场立交工程初期的社会车辆通行,须将现有的五角场平面环岛改为平面交叉口,这样,须在环岛内浇筑临时交通便道,同时,由于现有环岛范围内有四处上水和煤气管管顶标高高出原路面30~40 cm,为满足车辆通行及管线保护的需要,便道的结构和形式及管道保护措施如下:第一,将现有环岛范围内的场地进行平整并采用轻型压路机碾压或人工夯实,避免破坏现有各类地下管线,满足修建临时交通便道的需要。第二,新建交通便道4700 m²,便道结构层采用15 cm级配碎石、30 cm C30混凝土。

根据《市政工程施工技术操作规范道路篇》的规定进行,板块宽度5 m,纵向每隔6 m切施工假缝,缝深10 cm、宽8 mm,用沥青灌缝料灌缝,其混凝土浇筑、养护、切缝等施工工艺要严格遵守市政工程施工技术规程。

---

①龙正兴.综合性市政工程施工组织设计[M].上海:同济大学出版社,2010.

由于交通便道的平面范围较大(约4700 m²),为确保建好的交通便道排水通畅,在施工时,应考虑便道的临时排水问题。交通便道的路面排水基本上利用现有的环绕环岛四周的两层Ⅲ型进水口,通过原有的排水系统进行,即将路面浇筑成不小于1%的横坡,利用路面横坡将雨水引向雨水进水口,通过进水口将水排出。

由于受管线保护的影响,交通便道比现有环岛道路高20 cm,故在交通便道施工结束后,采用沥青混凝土对老路面进行加罩,将交通便道与老路面接顺,加罩范围为环岛外5 m。对于环岛内的各类地下管线,为避免交通车辆对管线的影响,针对不同的管线采取相应的保护措施:对于高于路面的四条管线采用在管线上铺设钢板的方法进行保护;对于低于地面且覆土深度小于70 cm的管线,采用加设钢筋网片再浇混凝土的方法进行保护。

二、管线保护及处理方案

根据现场踏勘及地下管线物探资料,一期施工范围内各类地下管线种类繁多、分布复杂,为保证排水管道工程的顺利实施,针对各部分的管线分别采取临时搬迁、先期埋设规划管线、实施保护措施等方法进行处理,其处理原则如下。

(一)顺沟槽方向,位于沟槽内

由于这部分管线位于下水管道施工沟槽中,施工保护十分困难,因此,此类管线原则上采用二次搬迁的方式进行处理。

(二)顺沟槽方向,位于沟槽外

由于此类管线沿排水管道的平行方向延伸,受施工影响的范围较大,且管线保护的难度相当大,因此,对于此类管线,有条件搬迁则尽可能进行搬迁,若无条件,则将管线挖出暴露,减轻管线上方土体对管线的压力,并对管线底部土体进行压密注浆加固土体,避免和减少土体的沉降。

(三)穿越沟槽

在施工中,遇到该类型管线的机会较多,针对此类管线受施工影响范围较小,对此类管线则采取绑吊和支托的方式进行保护,其保护的横梁、绑吊钢丝绳、支托砖墙的尺寸和规格根据管线的具体情况具体选用。

三、临时排水措施

五角场立交工程位于杨浦区五路交叉的地区,周围居民、商店等设施种类繁多,现有的排水系统承担着整个五角场地区的雨水排放任务,因此,施工中做好临时排水设施、避免区域范围内积水是十分必要的。

本工程施工期间的临时排水主要依靠现有的排水系统及规划新的排水系统进行,即采用先将规划排水管道施工完毕再废除老管道的原则,施工中局部需要接通新老管道的部分采用设置旁通管的形式进行处理。

新管道与老井的接通,采用在原有老井的外围设置外包井的形式,井的结构形式请设计部门进行设计,原则上采用先砌筑外包井、再拆除老井的方法进行,老井拆除请专业潜水员进行。五条道路部分的临时排水原则是先排设规划管道,然后废除老管道,具体方式根据排水规划图纸决定。

四、交通组织方案

根据五角场立交工程现有情况,五角场立交排水工程的施工主要是封闭现有人行道作为下水道施工场地,将现有非机动车道改为人非混行道,原有机动车道不变。然而,由于环岛下水道及各支路排水管道均有一定数量的管道需要过路施工,并且,翔殷路北侧下水道、国和路以西部分下水道、四平路下水道和邯郸路的部分下水道位于现有机动车道、非机动车道中及机非分隔带上,因此,在施工中,针对不同的路段采取不同的方式组织交通,在不影响现有交通的前提下,加快工程实施进度[1]。

(一)排水管道过路施工

本工程中,环岛部分经四平路、邯郸路和翔殷路及翔殷路、国和路和黄兴路均有排水管道横穿现有交通道路。在这部分管道施工时,采用夜间半封闭施工的方式进行,施工时间为22点到次日凌晨5点。施工完毕后,用2.5 cm的钢板覆盖施工沟槽,维持白天交通。

①徐行军. 市政工程施工组织与管理[M]. 厦门:厦门大学出版社,2013.

（二）邯郸路施工

根据邯郸路已经改为单行道的实际情况，占用南侧一条机动车道作为邯郸路下水道施工场地，施工位于非机动车道上的下水道，待南侧下水道施工完毕后，恢复南侧道路交通，占用北侧非机动车道作为施工场地，进行北侧下水道施工。

（三）翔殷路、黄兴路排水管道

根据翔殷路下水道施工图纸，翔殷路北侧（国和路以西）的排水管道位于机非分隔带上，因此，该部分下水道在工程的第二阶段进行施工。位于拓宽部分的其他排水管道则采用封闭人行道作为施工场地实施。

（四）四平路下水道

根据施工图纸，四平路下水道共有南、北两条，管道位于机动车道上，因此，在施工中，四平路下水道计划分三步进行：①沿着现有人行道边缘进行交通围场，实施各类公用管线，并进行两侧拓宽道路及交通便道的实施；②进行南侧施工围场，将社会车辆翻至北侧机动车道及拓宽道路上，进行南侧下水道及道路施工；③进行翻交以及北侧下水道、道路施工。

五、下水道施工方案及技术措施

（一）工程概况

根据所收集的图纸和现场实际条件，本部分施工的排水管道分为以下几种情况。

第一，环岛正常排管部分，排水管口径为 $\phi1000$、$\phi1200$、$\phi1350$、$\phi1500$，埋深 3.5~5.0 m；第二，环岛下水道穿越人行通道倒虹部分，排水管径 $\phi1000$、$\phi1200$、$\phi1350$，埋深 6 m 左右；第三，翔殷路下水道，排水管径 $\phi600$、$\phi800$、$\phi1200$、$\phi1350$、$\phi1800$；第四，黄兴路下水道，排水管径 $\phi800$、$\phi1350$，埋深 3~4 m。第五，邯郸路下水道，北侧 $\phi1200$，埋深 3.8 m。

根据上海市市政工程操作规程，在施工中根据不同的埋深采取不同的钢板桩或拉森钢板桩围护施工，并采用单排轻型井点降水。

（二）测量放样

开工前根据业主和测绘院现场领桩点位及交领桩记录进行加密导控点及水准点的测设，然后根据监理复核并同意使用的加密控制网以及设计图纸指定的坐标，采用全站仪测出管道中心线，并对管道中心桩进行攀线或引出固定桩加以保护；再用2″级经纬仪和测距仪，在每个井位附近不受施工影响的地方，放设定位控制桩。为便于施工过程中的放样工作，每个井位附近施设两个定位控制桩，测出控制桩的坐标，经复核无误后交监理工程师复核认可后方可使用。

根据交桩复测后的水准点，放设临时水准点。临时水准点需设置在不受施工影响的固定构筑物上，并要妥善保护和详细记录在测量手册上。所设置的临时水准点都需进行测量校核，临时水准点必须闭合，闭合差不得大于 $\pm 12\sqrt{k}\,(mm)$（k 为两水准点间距，以 km 计）。

沟槽平面放样须根据管道中心控制桩和沟槽宽度放出沟槽开挖边线，测定管道标高须设置高程样板控制，高程样板在挖至底层土、做基础、排管等施工过程中须做好经常复核，放样复核的原始记录要妥善保存。

（三）沟槽开挖

在工程施工前，首先根据定位桩在沟槽位置用挖土机或镐头机对路面进行破碎，并开挖样洞，核实各类地下管线，同时，将老路的结构层部分清除，然后进行横列板撑护或钢板桩撑护的沟槽开挖工作。

1.横列板支护的沟槽开挖

采用横列板支护时，挖土深度至 1.2 m 时需要及时撑头挡板，以后每次撑板的高度一般控制在 0.6～0.8 m。横列板采用组合钢撑板（钢围檩），其尺寸为长 4 m、宽 20 cm、厚 6～6.4 cm，采用铁板与角铁焊接而成或用特殊型钢制作而成。横列板要求水平放置，板缝严密，板头齐整，深度确保到碎石基础面。

沟槽支撑采用铁撑柱。铁撑柱由 φ150 的无缝钢管和两端的铸铁撑脚组成。铁撑柱两头要求水平，每层高度一致。每块竖列板上支撑不少于 2 只铁撑柱。铁撑柱的水平间距不大于 3 m，垂直间距不大于 1.5 m，头挡铁撑柱一般距离地面0.6～0.8 m。铁撑柱在施工时,要求其钢管套筒不得弯曲,支撑时要充分绞紧。

横列板支护的沟槽挖土采用机械和人工相结合的施工方法。沟槽的头层土(1.0～1.5 m)采用履带液压挖掘机挖土,头层土以下的土采用5 t履带吊抓斗挖土,机械挖土时结合人工修边。为防止扰动槽底土层或超挖,机械挖土控制在距槽底以上30 cm,以下采用人工挖土、修整槽底。槽底两侧开挖排水明沟。根据沟槽长度布设集水井和抽水泵,确保在施工期间沟槽内没有积水。

2. 钢板桩围护的沟槽开挖

由于本工程中大部分管道的沟槽深度较大,需采用钢板桩(槽钢)及拉森钢板桩围护施工。

钢板桩施打的方法,要根据沟槽边线先开挖钢板桩槽,宽度为0.6 m,深度挖到道路结构层以下的素土层,并要暴露地下管线和障碍物,然后采用0.6～1.0 t柴油打桩机施打钢板桩。搭设钢板桩时,若遇地下管线应请公用管线的监护员到现场进行监护,并采取适当的保护措施。钢板桩打设完毕后,可进行井点施工,当井点降水在沟槽底0.5 m时可进行沟槽挖土。

钢板桩支护的沟槽挖土采用人工与机械相结合的方法进行施工,头层土采用挖掘机挖至2 m,然后安装头道支撑,再采用5.0 t履带吊抓斗挖土,人工配合修边。支撑采用铁撑柱,此铁撑柱由ϕ150无缝钢管和两端的铸铁撑脚组成,支撑的水平间距不大于3 m,垂直距离不大于2.0 m,在管顶上净距离0.2 m处设置最下一道支撑。为确保沟槽稳定,在挖至沟槽底时,距离槽底30 cm处设置一道临时支撑,待基础完成后、排管前拆除。

机械挖土要严格控制挖土标高,挖土至槽底以上30 cm时停止机械挖土,采用人工挖土、修整槽底、清除淤泥和碎土。若有超挖和遇障碍物清除后,采用砾石砂填实,不得用土回填。机械挖土时设专人指挥,派人维护施工现场安全和施工机械运转范围的围挡标志。

沟槽挖出的土方原则上留作道路填土用,但由于现场施工场地较小,土方均采用现场短驳,临时堆土地点视现场实际情况与有关领导部门协商后决定,暂定在淞沪路中间绿化带处。临时堆土时,高度不得大于 1.5 m,并且土方不得外溢污染附近路面,堆土按规定绿网覆盖。

(四)井点降水与沟槽排水

根据五角场立交岩土工程详细勘察报告,本工程的各种排水管道(除连接 UPVC 管外)均位于砂质粉土中,同时,工程实施场区内地下水位较高,因此,为确保管道施工过程中,不出现流砂、管涌现象,减少管道施工结束后的沉降变形,根据上海市标准《市政排水管道工程施工及验收规程》,采用轻型井点降低地下水位。

1.轻型井点的布置

根据五角场立交排水管道施工图纸,管道沟道深度为 2.4 ~ 7.0 m,因此,施工中井点降水深度分别为 3.0 ~ 8.0 m,根据上海市标准《市政排水管道工程施工及验收规程》,本工程施工过程中,采用单层真空泵轻型井点和射流泵轻型井点两种形式,其中,环岛排水管道倒虹段及部分深度大于 5 m 的沟槽采用射流泵轻型井点,其他沟槽深度小于 5 m 的部分采用干式真空泵井点。

本工程中的降水轻型井点采用单排线状平面布置,井点管距离管道沟槽边的距离为 1.5 m,井点管的间距选用 1.2 m,每节排管沟槽(一般为 40 m,不大于 60 m)设一台干式真空机组,而射流泵机组的抽水总管长度以不大于 30 m 为原则,井点管根数不多于 30 根。

2.井点深度设计

在本工程中,轻型井点采用开槽布置的方式。根据现场实际条件,井点槽一般深度为 0.5 m(以挖至路面以下为原则)。

3.井点系统的安装及施工

(1)轻型井点的施工程序

轻型井点的施工程序严格按照图 2-1 所示的程序进行,每一步程序都要做到精准无误,保证每一步程序之间衔接的畅通,保证整个施工进度的质量。

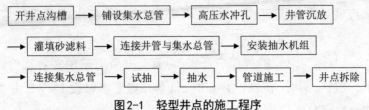

图2-1 轻型井点的施工程序

（2）井点槽的开挖

在管道沟槽边线放样结束后，在距槽边线外侧1.5 m位置上放出井点槽的中心线位置，开挖样洞，核实井点槽范围内的地下管线。在施工中，应确保井点槽范围内无地下管线，若有地下管线则应首先对地下管线进行处理（搬迁或调整井点槽的位置），井点槽的开挖宽度为0.8 m，在井点槽内设置一台潜水泵，将井点槽内的积水排入临近的沉淀池。

（3）集水总管的安装

本施工中，井点集水总管安设于井点槽内，总管连接应用法兰对接或用弧形钢箍夹紧，总管终端用套盖封塞，总管接入泵体应有一定的坡度，安设要稳固，总管和弯连管内，要清冲干净，不得有泥砂等物，并按实际情况安装总管阀门。

（4）冲沉井管

在本工程中，采用冲水管冲孔后沉放井管，冲水管长度应比所沉放井管长出1 m以上。在施工中，利用履带吊或汽车吊吊起冲水管，对准孔位，垂直贴近土面，启动高压泵将高压水压入冲水管从冲嘴中喷出，摆动冲水管作圆圈状搅动下沉，使井点冲孔孔径不小于30 cm，冲孔深度应比滤管底深50 cm以上。冲孔至规定深度后，停在原位继续冲水片刻，然后关闭高压水泵迅速提起冲水管，将井点管立即垂直居中放入孔中，将砂滤料灌入冲孔内，其灌砂量应根据冲孔孔径及深度计算决定，灌砂高度应湮没井点滤管以上1.0 m，实际灌砂量不应少于计算量的95%，孔顶用黏土封闭，在灌砂时，井点管口应有泥浆水冒出。

（5）泵体安装及系统的连接

施工中，井点泵组应设置在平整牢固、无积水的部位。本工程中，倒虹段及槽深大于5 m时，泵体应设于地面以下1 m处，减少泵体抽吸高度。泵组工作棚应牢固不漏水，泵组的各类设备附件应齐全、有效。井点抽出的水应就近排入沉淀池,再排入雨水井中,不得将水回灌或滴落在沟槽中。

另外,泵体与总管的连接应严密,总管与井管宜采用塑料软管连接,软管不得扭转,同时,在打设井点时,每套井点要多打设 1～2 根井管,作为地下水位观测管。

4.井点系统的拆除

在沟槽回填结束后,将井点管路阀门关闭,停机后放净泵体内存水,然后逐件拆除机体,并用吊车将井管垂直缓慢拔起,拆下的各类井点部件应冲洗干净后妥善保管,以备周转使用。

(五)管道基础

根据槽底土基的情况,按照排水设计图及《上海市排水管道通用图》要求采用砾石砂或 C20 混凝土作为管道基础。砾石砂垫层厚度为 10 cm,C20 混凝土基础的宽度和厚度按设计图纸的规定,视不同管径采用不同的宽度和厚度。

基础的底层土不能有淤泥和碎土,如有超挖应选用砾石砂或旧料填实,不得用土回填。砾石垫层按规定的沟槽宽度满堂铺设、摊平并拍实。砾石砂铺设结束后,在铺好的砾石砂垫层上浇筑混凝土基础。混凝土的级配由试验人员按设计规定的混凝土强度进行配合比设计。混凝土基础浇筑采用平板式振捣器振实及抹平,基础浇筑完毕后 12 h 内不得浸水和承受荷载,并进行养护。

(六)管道铺设

混凝土基础浇筑两天后方可开始排管,具体视气温情况而定。排管前拆除基础面上的钢管支撑(铁撑柱)。成品管运到施工现场后严格按产品标准进行逐节检验,不符合标准的不得使用,并做好标志及时处理。排管前清除基础表面污泥、杂物和积水,复核好高程样板(龙门板)的中心位置与标高。

排管自下游排向上游(承口向上游方向,插口向下游方向),按照管口径规格选用相应的橡胶密封圈套入插口槽内,密封圈四周应均匀平顺、无扭曲。插入前在管节承口端面预先用氯丁胶水黏结四块多层胶合板组成的衬垫。

下管采用5t履带吊起吊,吊点设在管子的重心处,用拦腰起吊的方式起吊,禁止钢索穿管吊管的方法。在吊运管时要防止管节接口受损。

在管道铺设前,将管道中心线垂直引至铁撑柱上,拉好中线、吊好垂球,排管时,在管口内放置水平板,用水平尺调整平尺板保持水平,平尺板的中心应对准垂球线,使管节居中。

铺管时,将管节平稳吊下,平移到排管的接口处,调整管节的标高和轴线,然后用紧管设备将管子插口慢慢插入承口。合龙的紧管拉力采用两只1.5~3.0 t手板葫芦放在管道两侧,合龙时管节两侧的手板葫芦同步拉动,管节承插就位后放松吊索和拉力前再复核管道的高程和中心、密封圈有无脱槽挤出,最后将管枕击实。

(七)管道磅水

根据上海市《市政排水管道工程施工及验收规程》,管道磅水频率采用每4节抽磅1节,管道磅水合格后,方能圬膀回填,根据五角场立交排水工程施工图中各路段的管道数量,结合工程实际情况,各路段的计划磅水数量为:第一,四平路,南侧3节;北侧1节。第二,邯郸路,南侧3节;北侧1节。第三,翔殷路,南侧4节;北侧4节。第四,黄兴路,西侧2节;东侧2节。第五,国和路,2节。第六,中央环岛区,不作安排。

磅水的检验水头高度为2 m(当井顶距离管顶内侧小于2 m时,则磅水头高度应至检查井顶)。磅水前,接缝水泥砂浆及混凝土应达到设计强度,并在管道内预先充满水24 h以上。磅水时,应按要求水头高度加水试磅20 min,待水位稳定后,正式进行磅水,磅水数据为30 min内水位下降的平均值。正式磅水时,要仔细检查每个接缝和渗漏情况,并做好记录,若磅水不合格,应进行检查修补重磅,直至合格为止。

(八)附属设施

1.检查井

本工程中,检查井包括直线检查井、二通转折井、三通交汇井、四通交汇井等几种形式,施工图参见上海市政工程管理局的《上海市排水管道通用图》,其井顶标高以道路为准,位于道路上的检查井盖采用防盗型钢纤维井盖,其接触面必须加工精细,以确保安装平稳。

根据上海市《市政排水管道工程施工及验收规程》,检查井基础采用钢筋混凝土基础,井体采用砖砌(部分交汇井下部采用钢筋混凝土现浇),施工中,在下水道沟管安放结束后,冲洗、打扫检查井基础表面,替换检查井部位的支撑,进行检查井的砌筑工作。检查井的砌筑砂浆、砖体、砖缝、砖拱圈、流槽、钢筋混凝土、盖板、井盖等实施,均应严格按上海市《市政排水管道工程施工及验收规程》进行,这里需着重强调的是,为确保检查井不渗漏,在施工中除保证坐浆饱满外,其检查井的外粉刷应保证一次到顶,内粉刷可按施工实际情况分次进行。

2.连接管

根据五角场立交排水管道施工图纸,高架落地和匝道处雨水口连接管为 ϕ300 UPVC管,坡度 3.0% ~ 3.5%。

一般道路上的单个雨水口连接管为 ϕ300 UPVC管,坡度 1%;串联两个以上的雨水口时采用 ϕ400 UPVC管,坡度 3.0% ~ 3.5%;位于高架桥墩承台上的收水窨井和连接井的连管为 ϕ300 UPVC管,坡度 1%;从连接井排向排水总管的连接管采用 ϕ400 UPVC管,坡度 3.0% ~ 3.5%。

(九)管道坞膀及覆土回填

根据排水管道图纸,本工程所采用的管材为承插式钢筋混凝土管和企口式钢筋混凝土管,为柔性接口,按上海市《市政排水管道工程施工及验收规程》的要求,管道坞膀采用中粗砂坞膀,根据施工图纸,回填高度为管顶以上 60 cm,回填时采用平板振动机洒水振实,其干容重不得小于 16 kg/m³。

由于本工程所有道路均为立即修复的城市快车道工程,根据上海市《市政排水管道工程施工及验收规程》的要求,在管顶以上 60 cm 至道路基层下底面范围内,采用砾石砂或道渣间隔填土,其压实厚度为 20 cm 素土和 10 cm 砾石砂或道渣,分层整平、夯实。在沟槽回填施工中应注意如下几点:第一,沟槽覆土前,应进行管道隐蔽工程验收,并将槽底杂物和砖块等清理干净。第二,穿越沟槽的地下管线保护应认真加以处理,支托管线的砖墩应支撑在管道基础面上,不得设在管道顶上,不设支托的管线应在管线下用砂分层回填、夯实。第三,覆土时,沟槽内不得积水,严禁带水回填。回填土中不得含有淤泥质土、腐殖土及有机质土,并清除大于10 cm的硬块。第四,在卸土时,不得将土方直接卸在管道接口上,管道回砂,在管道两侧必须对称均衡,分层整平、夯实。第五,沟槽回填时,沟槽上下应统一指挥,采用横列板支撑的沟槽,拆板与填土交替进行,做到当天拆板、当天回填、当天夯实,靠近路面的两块板应留撑一段时间。第六,钢板桩应在回填土达到要求的密实度后,方可拔除。钢板桩拔除采用间隔拔除的形式进行,拔桩时应及时灌砂,尽量减少钢板桩带土。为确保灌砂质量,在施工中可适当冲水,以助黄砂下沉。

第三节　工程施工管理及措施

一、工程目标

(一)工期计划目标

配合各有关方面做好工程的前期工作,发挥公司管理的综合优势,协调各交叉专业工序之间的施工,同时考虑工程的结构特点,组织协调各分部工程施工,确保在业主指定的工期范围内完成所有工程合同内容[①]。

(二)质量管理目标

全面执行招标文件和工程合同提出的质量和技术要求,按国家质量规范、上海市建委有关质量保证规定进行施工。本工程质量的奋斗目标是:争创一流工程,确保工程质量优良率达到85%,取得上海市政金奖,并争创国家优质奖。

(三)安全施工目标

在整个工程建设工程中确保无重大伤亡事故、无重大管线事故,达到上海市安全文明标准化达标工地。

---

①邱四豪.建设工程施工管理[M].上海:同济大学出版社,2015.

（四）文明施工目标

按上海市政府发布的《上海市建设工程文明施工管理暂行规定》等有关建筑工程施工现场文明施工管理规定组织施工，确保达到上海市文明工地管理要求。

二、施工组织及管理

（一）现场组织管理机构

五角场立交工程为上海市中环路段中重要节点之一，对施工进度、质量、安全等要求都非常高，为确保优质、高速、文明、安全、低耗地完成整个工程，项目管理部组建了以第三项管部经理负责的五角场立交工程项目经理部。为保证工作实施的连续性，项目管理体系的所有人员将全部到位，参与工程全过程施工，分工负责，其管理网络如图2-2所示。

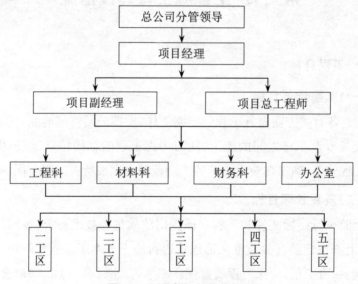

图2-2　项目部组织机构框图

（二）施工组织机构管理职能

五角场立交工程项目部实行项目经理负责制推行项目法施工。项目部在公司领导班子集体领导下，全权负责本工程的组织安排、生产经营、内外关系协调、材料供应、安全监督、质量验收等工作，全面认真履行合同，做到使业主满意、社会认可，体现"以速取胜、以质求信、以技创新、以实为本"的企业精神。

项目经理部设项目经理、项目副经理、项目总工程师,组成项目经理部领导班子,下设工程管理科、材料供应科、财务科,办公室等科室。项目经理部下设五个施工工区作业,对本工程进行分段、分块施工,确保工程优质、安全、高速地完成。各科室主要管理职责简述如下。

1.项目经理职能

负责调配、组织企业资源,确保工程的顺利施工;主持编制总包项目工程的管理实施方案,制订总包项目管理工程的实施目标与方针。

2.项目总工程师职能

负责工程重大施工方案的审查和批准,审核各分包商的施工组织与施工技术方案。

3.项目副经理职能

参与制订、贯彻项目管理方针目标,抓好内部的基础管理和队伍建设,协助项目经理进行总进度计划及现场管理。

4.工程管理科职能

具体负责项目的进度、质量以及安全、文明施工的管理。

5.供应科职能

按质量要求和施工方案,提供合格的机械设备与材料。

6.财务部职能

具体实施项目的合同管理,组织进行经济类台账报表的记载、分析与上报工作。

7.综合办公室职能

加强项目基础管理及内外协调工作,强化信息传递。

三、施工管理措施

(一)保证工程施工质量的措施

在本工程的实施过程中,贯彻 GB/T 19001 标准,根据公司质量手册和质量体系程序文件,从质量策划、合同评审、供应商的评审、采购验证、施工过程控制、检验测量和试验设备的控制,不合格的控制、文件和资料控制、质量记录的控制到培训、服务等要素着手,在整个施工过程中,形成一个符合国际 ISO 9001 系列标准质量保证体系。

为保证施工质量,在施工现场实行以项目总工程师为核心的质量管理网络,以确保市政金奖。明确各部门的工作岗位职责,落实质量责任制。由检验科具体负责,各工区配备专职质量员,强化质量监控和检测手段,组成如图 2-3 所示的质量管理网络图。

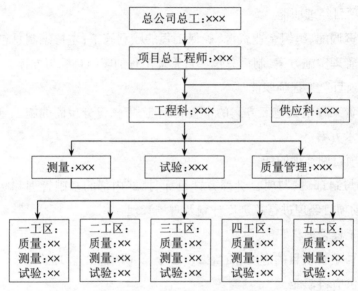

图 2-3 质量管理网络图

(二)质量管理保证措施

组织严密完善的职能管理机构,按照保证质量体系正常运转的要求,依据分工负责、相互协调的管理原则,层层落实职能、责任、风险和利益,保证在整个工程施工生产的过程中,质量保证体系的正常运作和发挥保障作用。

施工前,组织技术人员认真会审设计文件和图纸,切实了解和掌握工程的要求和施工的技术标准,理解业主的需要和要求,如有不清楚或是不明确之外,及时向业主或设计单位提出书面报告。

根据工程的要求和特点,组织专业技术人员编写具体实施的专项施工组织设计,编制施工计划,确定并落实配备适用的实施设备、施工过程控制手段、检验设备、辅助装置、资源(包括人力),并根据工程施工的需要和技术要求,针对桥梁工程、地道工程、排水工程等特殊和重要工序,分别制订专项施工方案,以保证本工程的质量达到要求。

倘若工程施工情况因客观原因发生变化时,及时对已制订的施工方案和有关程序进行修订和变更,并严格按照质量体系控制程序的要求,报送有关部门论证审批后方可实施,以确保方案和程序的科学性及可行性。

做好开工前及各部位、工序的施工技术交底工作,使各施工人员清楚和掌握对将进行施工的工程部位、工序的施工要求、施工工艺、技术规范、特殊和重点部位的特点,真正做到心中有数,确保施工操作过程的准确性和规范性。

按照 ISO 9001 质量体系运行模式的标准及质量标准,做好每道施工过程控制工作。各种技术工种和专职技术人员必须持证上岗,并经常进行技术和质量意识教育,不断提高技术水平和质量意识,为保证工程质多作贡献。

积极开展全面质量管理活动,按工程的质量重点、难点和特殊点列为"TQC 小组"活动课题或技术攻关项目,发动群众集思广益,把好各道工序的质量关,达到设计图纸、技术文件和验收规范规定的技术要求和质量标准。

按项目经理的指示精心施工,保证永久工程的质量满足设计图纸和技术规范的要求,施工质量必须全部达到优良等级。

每道工序施工完毕,先由班组自检,认定达到优良等级后填单,然后由工区初验,认定达到优良等级后再由项目经理部专职质量员会同建设单位代表和施工监理正式验收,认定达到优良等级后方可进入下道工序。

现场施工或安装时,凡有质保手续、试验、检查的报告,必须由质保经理或由其委派的代表在报告上签字,写上"施工单位已经同意"的字样,然后交项目监理批准。

一旦发生永久性工程的部分试验或控制不能满足质量标准的情况,应立即报告项目监理和业主,并主动调查情况,分析原因,提出技术处理措施方案,并按上海市有关"质量事故处理"的规定,填写质量事故报告表,写明情况、原因、责任和处理情况,在规定的日期内提交有关部门。施工单位应负责对质量事故进行处理。处理质量事故的技术方案应得到项目监理的批准。处理后的工程或产品应经项目监理进行检查、验收、签证,直到满足设计要求。各工区应委派专职质保人员全面记录其内部的质量保证体系,提供系统外部的具体细节证明,按规定的格式与要求认真填写各类原始报表和"隐蔽工程验收报告单",验收原始报表装订成册,作为竣工资料移交。施工单位应从工程开工开始至竣工期间,根据工程的进展,系统地拍摄一套工程彩色照片集。

工程实施过程中,原材料、成品、半成品的质量是关系到整个工程质量的关键因素,因此首先要抓好材料的质量,在采购订货前就控制好原材料质量。在原材料采购订货前,先看样品和产品说明书,必要时对样品做化验或试验,不合格的原材料不订货,防止伪劣产品进入工地;对于地方材料,采购前应经过试验,不合格的材料不能订货;同时,在已采购的材料、设备生产期间,请专门的机构检验产品质量。若有需要,施工单位应提交与合同有关的设备服务供应商出具的两份质保书。另外,所有材料进场均须经监理工程师审定。

施工测量的测量人员应经过专业培训,并持证上岗。采用先进的测量自动引导系统,确保测量精度,测量仪器都持有国家技术监督局认可的检定单位的检定合格证,并按周检要求,强制检定。要在使用过程中,经常检查仪器的常用指标,一旦偏差超过允许范围,应及时校正,保证测量精度;测量基准点要严格保护,避免撞击、毁坏。在施工期间,要定期复核基准点是否发生位移;所有测量观察点的埋设必须可靠牢固,严格按照标准执行,以免影响测量结果精度。

挖土、支撑、垫层是确保下水道沟槽安全、质量的关键,必须严格按照方案配合施工,严禁超挖,基底土层最后30cm采用人工挖土,若发现超挖应采用砾石砂或旧料回填,严禁用土回填,施工完毕的沟槽,槽底高程不得低于设计3 cm,槽底中心每侧宽度不小于排通图要求宽度。

挖土完成后及时做垫层,浇筑混凝土基础,使基础成为槽底的一道有效支撑,混凝土基础模板的上口标高作为基础标高控制的依据,必须严格控制,并且要支撑牢固,浇捣时依模板上口刮平、振实。完成的垫层及基础不得铺注在淤泥及松填土上,基础表面平整,其容许偏差应符合市政排水管道施工及验收规程的有关规定。另外,由于本工程范围内管道基础位于流沙土中,其管道基础采用钢筋混凝土基础,具体要求由设计部门认可。

本工程的管道采用柔性橡胶圈接口,沟管接缝应均匀,排管时基础和管道内不得有泥土、建筑垃圾等杂物。管道排设的容许偏差参见市政排水管道工程验收规范。

管道排设结束后,进行管道坞膀和沟槽回填工作,本工程采用承插式和企口式混凝土管,其坞膀采用中粗砂回填,根据设计图纸,回填高度为管顶以上60cm,而沟槽回填时沟槽内应无积水,回填采用道渣间隔填土,应分层夯实,回砂及回土的密实度应满足市政排水管道的相关规定。钢板桩拔出时,应采用间隔拔除的方式进行,并进行灌砂,减少管道的沉降。

以上对质量管理的保证措施作综合性简述,各单位工程施工组织设计将根据施工特点编制针对性的质量保证措施。

(三)季节性施工措施

1.冬季施工工作安排

冬季施工工作安排具体指:第一,凡昼夜间的室外平均气温低于5℃和最低温度低于-3℃时,一般不得浇筑混凝土,如要浇筑混凝土,应按冬季施工处理;第二,进行冬季施工前,必须向施工监理提交详细的有关混凝土浇筑及养生的施工方案,保证混凝土在浇筑后头7天温度不低于10℃;第三,浇筑混凝土前,应清除模板内和钢筋上黏附的冰块、雪,做好防风、保温设施;第四,配制混凝土时,宜优先选用硅酸盐水泥或普通硅酸盐水泥,水泥标号不低于425号,水灰比不应大于0.7,宜掺入早强型外加剂或引气减水剂;第五,混凝土浇筑完毕后,必须及时进行覆盖保温。

2.雨季的施工安排

雨季的施工安排包括:第一,由于本工程是跨年度工程,雨季施工难以避免。在雨季,将考虑不受气候影响或影响较小的单项工程在阴雨天气施工,其他安排施工机械设备的维修保养等工作。做好在台风及洪水期间的防洪抗台抢险工作,防止施工材料遭受损失和工程遭受破坏。第二,雨季施工前首先做好防洪排水工作,如截、排水沟的设置,洼地疏水、集水带排引,汇水坑、集水井的挖设,抽水机的配备以及机械停放位置,水泥一定放入棚内,严防受潮、水浸而变质报废。第三,对选择雨季施工的地段和项目进行详细的现场调查研究,据实编制实施性的雨季施工计划。第四,修建临时排水设施,保证雨季作业的场地被洪水淹没并能及时排除地面水。第五,储备足够的工程材料和物资,在混凝土浇筑时布置好雨棚和雨布。

(四)确保工程文明施工措施

工程文明施工的好坏直接影响到我们施工企业的信誉和形象。为了开展好本工程的文明施工,维护城市环境卫生,要严格按相关规定执行。

1.文明施工保证体系

本工程项目经理对工程的文明施工负责,并设立以项目经理为主的文明施工管理网络,见图2-4所示。

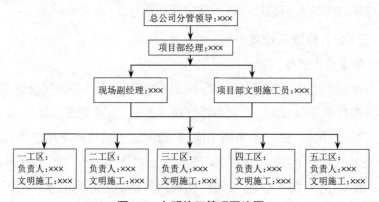

图2-4 文明施工管理网络图

2.文明施工保证措施

施工过程中严格遵循"两通三无五必须"的原则,并定期组织巡回检查。夜间不得使用噪声较大的机具设备。生活区与施工区应该分明,生活区整齐划一,室内外、食堂和宿舍干净整洁,施工区建材、机具设备堆放整齐,有条不紊。生活区现场执行硬化,在施工区力求保护施工现场的平坦,以利于施工现场物资和构件的驳运,也方便施工人员安全作业。

施工区域内的通道,指派专职班组打扫落实养护管理措施,保证道路平整、畅通,无坑塘积水等不良状况。在施工中做好排水工作,严禁将施工废水排到道路上,在汛期或遇暴雨时,积极配合做好防汛排水工作。实行挂牌施工,接受群众监督,主动与兄弟施工单位做好协调,加强联系,以便工程顺利开展。

做好地下管线的保护工作,主动请有关单位到施工现场监护指导,对公用管线做到施工人员个个心中有数,并在有管线的地方竖立标牌,做好对新埋设的供水管、电缆管线的保护工作。各种施工渣土、泥浆及时外运,不得污染附近单位、居民区的路面,严禁排入地下排水系统。施工现场设专职文明施工员,加强文明施工管理,每旬举行一次活动,每季定期进行评比,做好记录,音像等资料归档。

加强现场施工管理,每道工序做到现场落手清,加快施工进展,做到工完场清。施工现场的食堂卫生按有关卫生条例操作。食堂位置原则上应远离厕所、污水沟、垃圾等污染源,有合格的可供使用的清洁水源和畅通的排水设施。夏季施工应有防暑降温措施。

施工现场办公室、工人宿舍应具备良好的防潮、通风、采光性能。施工现场设置职工厕所,厕所有简易化粪池或集粪坑,并加盖定期喷药。厕所内设置水源可供冲洗,落实每日有专人负责清洁。工地设立专用的生活垃圾桶,并每日清运。

工地大门的设置,其高度要与围墙相适应,宽度不得小于5 m。工地一切建筑材料和设施,都应设专门的堆放位置,不得堆放在围墙外,并须设置临时围栏分类堆放整齐,散料要砌池围筑,杆料要立杆设栏,块料要起堆叠放,保证施工现场道路畅通,场容整洁。

因施工要求,夜间需延长施工时间,要经工程所在地建设行政主管部门批准方能延长作业时间。加强施工沿线的夜间照明,确保出入口和道路的畅通以及通行安全。工程完工后,在一个月内拆除工地围栏,安全防护设施和其他临时设施,并将工地及四周环境清理整洁,做到工完料净场地清。

(五)确保工程安全施工措施

1.安全生产保证体系

安全施工是关系到职工的生命安全和国家财产不受损失的头等大事,为了确保工程顺利进行,因此,必须认真贯彻"安全第一,预防为主"的方针,加强教育,严格管理,使整个施工过程处于受控状态。

本工程设立以项目经理为主的安全施工管理网络,加强安全管理,做到安全施工,坚持管生产必须管安全的原则,各项目组签订有安全保证指标和措施的安全承包内容的协议书,明确标准和职责,形成一个有效的安全保证体系。本工程安全管理网络图如图2-5所示。

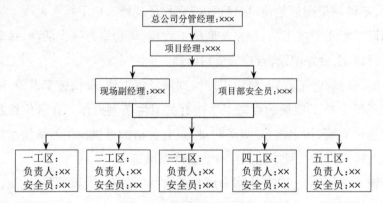

图2-5　工程安全管理图

2.安全施工措施

加强对工程施工的安全管理工作,遵守标书、合同和政府有关安全生产的规章制度,施工负责人对本单位的安全工作负责,要做到有针对性的详细安全交底,提出明确安全要求,并认真监督检查。对违反安全规定冒险蛮干的要勒令停工,严格执行安全一票否决制度。

加强机械设备安全管理,机械设备的操作人员和起重指挥人员做到经过专门训练,并考试合格取得主管部门颁发的特殊工种操作证后方可独立操作。

设备安全防护装置做到可靠有效,起重机械严格执行"十不吊"规定和安全操作规程。所有起吊索具确保满足6倍以上的安全系数,捆绑钢丝绳确保满足10倍以上的安全系数。禁止在6级以上大风、暴雨、雷、电、大雾恶劣天气下从事吊装作业。

施工现场健全电气安全管理责任制度和严格的安全用电规程。电力线路和设备的选型需按国家标准限定安全载流量,所有电气设备的金属外壳做到良好的接地或接零保护。所有的临时电源和移动电器要设置有效的漏电保护装置,做到经常对现场的电气线路、设备进行安全检查,使电气绝缘,接地电阻和漏电保护器完好。指定专人定期测试。

施工现场应设置安全警示牌,进入施工现场须戴好安全帽,上、下沟槽有扶梯,过沟槽设有扶栏的走道板。建立安全检查制度,项目部专职安全员负责对现场施工人员进行安全生产教育和对安全制度的学习,组织定期安全检查,发现问题及时整改,执行按季评比,增强全体职工安全意识和自我保护观念。

在采用履带式起重机施工时,必须夯实行走道路,必要时铺设路基箱板,确保机械工作可靠,安全施工。针对工程特点、施工外部和内部环境以及业主的有关要求,制订各工序具体的安全技术交底,并履行签字手续,下达作业计划的同时下达安全防护要求。

在施工区域和生活区域及道路上设置照明系统,保证夜间照明和生活用电。现场施工的坑、洞、危险处,设防护设施和明显的警示标志,不准任意移动。

在台风季节,现场的临时设施如脚手架、临建、库房均需有抗风能力。施工现场,需对高空作业安设防护栏。施工区域内按有关规定建立消防责任制,按照有关防火要求布置临时设施,配备足够数量的消防器材,并设立明显的防火标志。

基坑内垂直运输应有两名指挥,基坑上下各一名。严禁在吊物下站人,严禁向下抛物。沟槽施工时,施工人员上下沟槽要有专门扶梯,严禁攀爬支护系统。

施工中,要派专人检查沟槽的支护系统,及时发觉不安全因素,及时整改处理。吊车作业回转应尽量避免超出施工场地,作业半径内严禁站人。

在基坑工程施工中,具有一定风险的重点部位有钢支撑拼接与安装、基坑开挖与支撑、基坑边坡稳定、负高空作业、施工用电、公用事业管线保护等,项目组在确定危险重点部位的前提下,对各工序排出不利于安全因素的环节作为重点控制的施工安全管理点,落实监控人员,确定监控的措施方案和方式,实施重点监控,必要时应连续监控。

以上作综合性简述,各单位工程施工组织设计须根据施工特点编制针对性的安全施工保证措施。

(六)社会治安综合治理保证体系及措施

1.综合治理保证措施

工程项目经理是工程施工现场的治安保卫负责人,对工程项目的治安安全和保卫工作全面负责。组建工程施工现场社会治安综合治理工作小组(以下简称综治小组),明确综治小组的工作任务和目标。综治小组承担治保小组和调解小组的职能。确定各部门各分包单位的治安负责人,落实治安保卫责任制。

与工程施工单位签订《施工治安消防安全协议书》,检查、监督施工单位执行情况。为工程项目的治安保卫工作提供必要的经费。确定工程施工现场专(兼)职治安保卫人员。工程施工现场保卫人员必须经过公安部门的培训,持证上岗,对工程项目的治安责任人负责。

2.施工现场的治安管理

工程施工现场应当具有针对性强的治安保卫工作措施。施工现场作业区、办公区、生活区、仓库、材料堆场以及门警卫室的设置布局要合理,符合治安防范要求。

工程施工现场的重要作业区或重要工程部位应当实行专门管理,有条件的实行封闭式施工,严格出入制度,组织值班巡逻。施工现场的贵重物资、重要器材和设备应当落实专人负责管理,防止物质被盗窃或破坏。

施工现场重点要害部位,包括配水间、锅炉房、木工房、油漆间、危险品仓库等,应当建立治安保卫制度,落实安全防范措施。

施工现场办公室不准存放个人现金、有价证券和贵重物品,设有财务保险箱的,需按相关要求管理和使用;电脑等办公设备应当落实安全防范措施,防止被盗窃。项目部应当与工程所在地区的警署、社区开展共建活动,开展好治安联防。项目部应当定期组织内部治安保卫工作检查,及时发现,整改治安隐患。

项目部应当做好施工现场的信息工作,及时向上级主管部门和当地公安机关报告发生在施工现场的不安定事件、治安案件、刑事案件和治安灾害事故,并协助公安机关保护现场,维护秩序。

项目部应当对施工现场因施工人员内部纠纷或施工队伍之间纠纷引发的不稳定因素及早发现、及时处置,不让事态扩大。项目部应当积极调处因施工原因与周边居民引发的矛盾,避免造成社会影响。项目部应当对施工人员进行法治宣传教育,杜绝职工违法犯罪事件的发生。

项目部应当采取有力措施禁止施工现场违法行为的发生。项目部应当安排好夜间值班和节假日的守护力量,重大节日或重要活动期间,项目部负责人应当带班值班。

3.施工现场消防安全管理

工程项目经理是工程施工现场的消防安全负责人,对工程项目的消防安全工作全面负责,主要包括:第一,贯彻执行消防法规,掌握施工现场的消防安全情况,保障施工现场的消防安全符合规定;第二,确定各部门各施工单位的消防安全负责人,落实消防安全责任制,组织制定符合本工程实际的灭火预案;第三,与工程施工单位签订《施工现场治安消防安全协议书》,检查、督促施工单位执行消防安全规定;第四,为工程项目的消防安全提供必要的经费;第五,组织防火检查,督促落实火灾隐患整改,及时处理涉及消防安全的重大问题;第六,根据消防法规的有关要求,建立施工现场义务消防队,确定施工现场专(兼)职防火安全管理人。

施工现场的消防安全制度主要包括以下内容:①应急灭火预案;②消防安全教育;③防火检查;④消防设施、器材维护管理;⑤火灾隐患整改;⑥用水、用电安全管理;⑦易燃易爆危险物品管理;⑧义务消防队的组织管理;⑨灭火和应急疏散演练;⑩电气设备的检查和管理;⑪消防安全工作考评与奖罚;⑫其他必要的消防安全内容。

工程项目部应当对动用明火实行严格的消防安全管理:第一,禁止在具有火灾、爆炸危险的场所使用明火;因工程需要一定要使用明火作业的,应当严格按照一级动火要求,制定方案,落实消防安全措施,报请当地防火监督部门审核,按批准权限审批同意后方可动火。第二,因工程需要在施工现场建立动火区的,应当明确标志,配置消防器材,落实专人监护,保证施工和使用范围内的消防安全。第三,因工程需要在非动火区域进行电、气焊等明火作业的,动火部门和人员应当按照动火性质办理三级动火审批手续,落实现场监护人,在确认无易燃易爆物品,无火灾、爆炸危险后方可动火施工。动火施工人员应当遵守安全规定,并落实相应的消防安全措施。第四,对施工现场可燃、易爆危险物品的使用、存放实行严格的消防安全管理。

除以上内容之外,还包括:①氧气、乙炔、油漆、溶剂等易燃易爆物品应当设库存放。库房按规定设置,并与作业区和生活区保持安全距离;禁止将性质相抵触的物品同放一库或一室。②划定堆放可燃和易爆物品的场地。不得在高压架空线下堆放可燃物品。③按有关规定正确使用氧气瓶和乙炔瓶:不得同存一库;使用时相互间距不得小于5 m,距明火处不得小于10 m;气瓶应有防震圈和防护帽,使用时配备完好的表具和气管;存放或使用时不得卧放。④施工现场木工操作间必须按规定设置,禁止将切割机等安装在木工间内使用。⑤因生活需要使用石油液化气,必须按规定程序办理有关手续,禁止在宿舍内使用石油液化气。

工程项目部应当遵守用电有关规定,施工现场的用电必须符合消防安全管理的要求:第一,施工现场架设临时线路和电气设备的安装、维修等作业必须由电工进行,并符合安全技术规范;第二,施工现场不准私接乱拉临时线,不准架设裸导线,不准直接将导电材料绑扎在金属支架上,不准用铜丝或其他金属材料替代保险丝;第三,施工现场使用大功率镝灯(太阳灯)的整流器必须加装防护罩,安放部位安全牢靠,避免与易燃物直接接触,禁止使用灯具烘烤衣物和取暖;第四,施工现场禁止使用电炉等,严格控制非生产使用电加热器,因特殊情况需要使用电加热器需经工程项目经理同意后,在指定地点集中使用,并落实消防安全措施;第五,工程项目部应当保障施工现场安全通道的畅通,对防火重点部位设置明显的防火标志,实行严格管理;第六,施工现场使用切割、碰焊机具作业时,可视同明火作业,应当落实防火措施;第七,施工现场在高处明火作业时,应当落实防火措施,严防火花、焊渣、切割溶块坠落并引起火灾,监护人员要做好立体监护工作;第八,执行《建筑施工安全检查标准》(JGJ 59—99),施工现场应设置吸烟处,不随意吸烟。

第三章 市政工程施工组织设计的编制

第一节 编制施工组织设计的原则与依据

一、编制施工组织设计的基本原则

(一)根据建设期限的要求,统筹安排施工进度

市政工程施工的目的,在于保质保量地把拟建项目迅速建成,尽早交付使用,发挥工程的社会经济效益。因此,保证工期是施工组织设计中需要考虑的首要问题。根据规定的建设期限,按轻重缓急进行工程排队,全面考虑、统筹安排施工进度,做到保证重点,让影响工期的关键项目早日完工。在施工部署方面,既要集中力量保证重点工程的施工,又要兼顾全面,避免过分集中而导致人力、物力的浪费,同时还需要注意协调各专业间的相互关系,按期完成施工任务。

(二)采用先进技术,实现快速施工

先进的科学技术是提高劳动生产率、加快施工进度、提高工程质量、降低工程成本的重要源泉。同时,积极运用和推广新技术、新工艺、新材料、新设备,减轻施工人员的劳动强度,是现代化文明施工的标志。施工机械化是市政工程实现优质、快速的根本途径。扩大预制装配化程度和采用标准构件是市政施工的发展方向。只有这样,才能从根本上改变市政施工手工操作的落后面貌,实现快速施工。在组织施工时,应结合当时机具的实际配备情况、工程特点和工期要求,做出切实可行的布置和安排。注意机械的配套使用,提高综合机械化水平,充分发挥机具设备的效能。对于基础工程、路基土石方、起重运输等用工多和劳动强度大的工程以及特殊路基、高级路面等工序复杂的工程,尤其应优先考虑机

械化施工。

(三)统筹安排,科学计划

市政工程施工系野外流动作业,受外界的干扰很大,必须科学、合理地安排施工计划。对施工项目做出总体的综合判断,使施工活动在时间上、空间上得到最优的统筹安排。安排工程计划时,在保证重点工程施工的同时,可以将一些辅助的或附属的工程项目作适当穿插。还应考虑季节特点,将一些后备项目作为施工中的转移调节项目。采取这些措施,才能使各专业机构、各工种工人和施工机械,不间断、有秩序进行施工,尽快地由一个项目转移到另一个项目上去①。

(四)确保工程质量和安全施工

市政设施是永久性的建筑物,工程质量的好坏不但影响施工效果,而且直接影响到国民经济的发展和人民的生活。本着对国家建设高度负责的精神,严肃认真地按设计要求组织施工,确保工程质量,这是每个施工组织者应有的态度。在进行施工组织设计时,要有确保工程质量和安全施工的措施。在组织施工时,要经常进行质量、安全教育,遵守有关规范、规程和制度。实行预防为主的方针,质量和安全保障措施具体可靠,认真贯彻执行,把质量事故和安全事故消灭在萌芽之中。

(五)增产节约,降低工程成本

市政工程建设耗费的巨额资金和大量的物资,是按工程概算、预算的规定计算的,即有一个"限额"。如果施工时突破这一限额,不仅施工企业没有经济收益,而且从基本建设管理角度也是不允许的。因此,施工企业必须实行经济核算,贯彻增产节约的方针,才能不断降低工程成本,增强企业自身的经济实力和社会竞争力。

社会经济实力的增长,一方面是以现有生产条件为基础,挖掘潜力、增加生产;另一方面则是依靠资金的积累,进行投资,增加生产设备,实现扩大再生产。市政施工涉及面广,需要资源的品种及数量繁杂,在施工组织设计和施工管理中,只有认真实行经济核算,增加生产,厉行节约,对施工计划进行科学合理的安排,才能取得更大的经济效益。此外,

①王坤.浅谈施工组织设计编制要点[J].中国建设信息化,2011(3):76-77.

还应做到一切施工项目都要有降低成本的技术组织措施,尽可能减少临时工程,充分利用当地资源,并降低一切非生产性开支和管理费用。

二、施工组织设计的编制依据

为了切合实际地编好施工组织总设计,在编制时,应以如下资料为依据。

(一)招标文件、计划文件及合同文件

如国家批准的基本建设计划,可行性研究报告,工程项目一览表,分期分批投产交付使用的期限和投资计划,工程所需设备、材料的订货指标,建设地点所在地区主管部门的批件,施工单位上级主管部门下达的施工任务计划,招投标文件及工程承包合同或协议,引进材料和设备供货合同等。

(二)建设文件

如已批准设计任务书,初步设计(或技术设计、扩大初步设计)、设计说明书、建设区域的测量平面图、工程总平面图、总概算或修正概算、建筑竖向设计等。

(三)工程勘察和技术经济资料

如地形、地貌、工程地质、水文地质、气象等自然条件;建设地区的建筑安装企业、预制件、制品供应情况;工程材料、设备的供应情况;交通运输、水电供应情况;当地的文化教育、商品服务设施情况等技术经济条件。

(四)工程的有关资料、现行规范、规程和有关技术规定

如类似建设项目的施工组织总设计和有关总结资料,国家现行的施工及验收规范、定额、技术规定和技术经济指标。

(五)其他依据

除上述依据之外,还有诸如企业 ISO 9002 质量体系标准文件,企业的技术力量、施工能力、施工经验、机械设备状况及自有的技术资料等。

第二节　施工组织总设计的编制程序

一、总体施工组织设计程序

总体施工组织设计程序如图3-1所示。

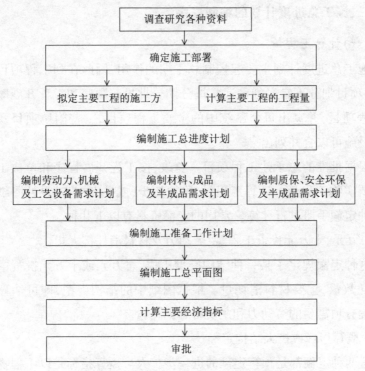

图3-1　总体施工组织设计的编制程序

总体施工组织设计的内容主要有以下几个方面：①编制说明；②编制依据；③工程概况；④施工准备工作总计划；⑤主要工程项目的施工方案；⑥施工总进度计划；⑦资源配置计划；⑧资金供应计划；⑨施工总平面图设计；⑩施工管理机构及劳动力组织；⑪技术、质量、安全组织及保证措施；⑫文明施工和环境保护措施；⑬各项技术经济指标；⑭结束语。

单位工程施工组织设计的内容主要有：①编制说明；②编制依据；③工程概况；④施工方案选择；⑤施工准备工作计划；⑥施工进度计划；⑦各项

资源需要计划;⑧施工平面图设计;⑨质量、安全的技术组织及保证措施;⑩文明施工和环境保护措施;⑪主要技术经济指标;⑫结束语。

分部、分项工程施工组织设计的内容有:①编制说明;②编制依据;③工程概况;④施工方法的选择;⑤施工准备工作计划;⑥施工进度计划;⑦动力、材料和机具等需要计划;⑧质量、安全、环保等技术组织保证措施;⑨作业区施工平面布置图设计;⑩施工进度计划的表现形式。

二、施工总进度计划的编制程序

(一)计算工程量

施工总进度计划主要起控制总工期的作用,因此在列工程项目一览表时,项目划分不宜过细。通常按分期分批投产顺序和工程开展顺序列出工程项目,并突出每个系统中的主要工程项目,一些附属项目及一些临时设施可以合并列出[①]。

根据批准的总承建工程项目一览表,按工程开展程序和单位工程计算主要实物工程量。计算工程量,可按初步(或扩大初步)设计图纸并根据各种定额手册进行计算。常用的定额资料有以下几种。

1.万元、十万元投资工程量、劳动力及材料消耗扩大指标

这种定额规定了某一种结构类型工程,每万元或十万元投资中劳动力消耗数量、主要材料消耗量。根据图纸中的结构类型,即可估算出拟建工程分项需要的劳动力和主要材料消耗量。

2.概算指标或扩大结构定额

这两种定额都是预算定额的进一步扩大。概算指标是以工程物的每 100 m^3 体积为单位;扩大结构定额是以每 100 m^2 工程面积为单位。查定额时分别按工程物的结构类型、跨度、高度分类查处。

这种工程物按拟定单位所需的劳动力和各项主要材料消耗量,从而推算出以计算工程物所需要的劳动力和材料的消耗量。

3.已建房屋,构筑物的资料

在缺少上述几种定额手册的情况下,可采用已建类似工程实际材料、劳动力消耗量进行类比,按比例估算。但是,由于和拟建工程完全相同

---

①李顺秋.施工组织设计文件的编制[M].北京:中国建筑工业出版社,2015.

的已建工程是比较少见的,因此在利用已建工程的资料时,一般都应进行折算、调整。

除房屋外,还必须计算主要的、全工地性工程的工程量,例如铁路及道路长度、地下管线长度、场地平整面积等。

(二)确定各单位工程的施工期限

影响单位工程施工期限的因素很多,如施工技术、施工方法、工程类型、结构特征、施工管理水平、机械化程度、劳动力和材料供应情况、现场地形、地质条件、气候条件等。由于施工条件的不同,各施工单位应根据具体条件对各影响因素进行综合考虑确定工期的长短。此外,也可参考有关的工期定额来确定各单位工程的施工期限。

(三)确定各单位工程的竣工时间和相互搭接关系

在确定了施工期限、施工程序和各系统的控制期限后,就需要对每一个单位工程的开工、竣工时间进行具体确定。通常在对各单位工程的工期进行分析之后,应考虑下列因素。

1.保证重点,兼顾一般

在同一时期进行的项目不宜过多,以避免人力、物力的分散。

2.满足连续性、均衡性施工的要求

尽量使劳动力和技术物资消耗量在施工全程上均衡,以避免出现使用高峰或低谷;组织好大流水作业,尽量保证各施工段能同时进行作业,达到施工的连续性,以避免施工段的闲置。为实现施工的连续性和均衡性,需留出一些后备项目,如宿舍、附属或辅助项目、临时设施等,作为调节项目,穿插在主要项目的流水中。

3.综合安排,一条龙施工

做到土建施工、设备安装、试生产三者在时间上的综合安排,每个项目和整个建设项目的安排上合理化,争取一条龙施工,缩短建设周期,尽快发挥投资效益。

4.分期分批建设,发挥最大效益

在工厂第一期工程投产的同时,安排好第二期以及后期工程的施工,在有限条件下,保证第一期工程早投产,促进后期工程的施工进度。

5.认真考虑施工总平面图的空间关系

建设项目的各单位工程的分布,一般在满足规范的要求下,为了节省用地,布置比较紧凑,从而导致了施工场地狭小,使场内运输、材料堆放、设备拼装、机械布置等产生困难。故应考虑施工总平面的空间关系,对相邻工程的开工时间和施工顺序进行调整,以免互相干扰。

6.认真考虑各种条件限制

在考虑各单位工程开工、竣工时间和相互搭接关系时,还应考虑现场条件、施工力量、物资供应、机械化程度以及设计单位提供图纸等资料的时间、投资等情况,同时还应考虑季节、环境的影响。总之,全面考虑各种因素,对各单位工程的开工时间和施工顺序进行合理调整。

(四)安排施工总进度计划

施工总进度计划可以用横道图表达,也可以用网络图表达。由于施工总进度计划只起控制作用,因此不必做得仔细,计划做得过于仔细不利于调整。用横道图表示施工总进度计划时,项目的排列可按施工总体方案所确定的工程展开程序排列。横道图上应表达出各施工项目开工、竣工时间及其施工持续时间,见表3-1。

表3-1　施工总进度计划

序号	工程项目名称	结构类型	工程量	工程面积	工程	施工进度计划		
						XX年	XX年	XX年

采用网络图表达施工总进度计划时,可以表达出各项目或各工序间的逻辑关系,可以通过关键线路直观体现控制工期的关键项目或工序,另外还可以应用计算机进行计算和优化调整,近年来这种方式已经在实践中得到广泛应用。

(五)施工总进度计划的调整和修正

施工总进度计划完成后,将同一时期各项工程的工作量加在一起,用一定的比例画在施工总进度计划的底部,即可得出建设项目工作量的动态曲线。若曲线上存在较大的高峰和低谷,则说明在该时段内各种资源的需求量变化较大,可根据情况,调整一些单位工程的施工速度或开工、竣工时间,以消除高峰和低谷,使整个工程建设时期工作量尽可能达到均衡。

三、单位工程施工组织设计编制程序

在施工组织总设计的指导和控制下,结合单位工程施工条件,编制单位工程施工组织设计。单位工程施工组织设计编制的主要步骤如下。

(一)计算工程量

依据施工图纸和工程量计量方法和规定,也可以参考工程预算中的工程量,计算单位工程中各分部、分项工程的工程量。准确的工程量是劳动力和资源需要量计算的前提。如果工程采用流水作业方法进行施工,工程量也应按相应的流水分段进行计算。

(二)制定施工方案

施工方案对整个单位工程的施工具有决定性的作用。制定施工方案首先必须从实际出发,切实可行,符合现场的实际情况,有实现的可能性。在单位工程的施工组织设计中,需要研究主要分部分项工程的施工方法、施工顺序的安排和流水段的划分,并选择合适的施工机械。施工方案应满足合同要求的工期,使项目能够按工期要求投入生产,交付使用,发挥投资效益。

(三)组织流水作业,确定进度计划

根据流水作业的基本原理,按照工期要求、工作面的情况、工程结构对分层分段的影响以及其他因素,组织流水作业,决定劳动力和机械的具体需要量以及各工序的作业时间,编制网络计划,并按工作日排出施工进度。

(四)平衡劳动力、材料物资和施工机械的需要量

如果发现有过大的高峰或低谷,即应将进度计划做适当的调整与修改,使其尽可能趋于平稳,以便使劳动力的利用和物资的供应更为合理。

(五)确定最终资源、运输、供应计划

根据对劳动力和材料、物资的计算,绘制出相应的曲线以检查其平衡状况。平衡劳动力、材料、物资和施工机械的需要量,依据有关定额和工程量及进度,计算确定材料和加工预制品的主要种类和数量来制订供应计划。

(六)设计施工平面图

施工平面图应使生产要素在空间上的位置合理、互不干扰。减少相互干扰、减少现场二次运输的费用,从而加快施工进度。

(七)确定安全技术组织措施及冬、雨季施工措施

结合单位工程的计划工期和施工安排,确定相应的安全技术组织措施及冬、雨季施工措施。

(八)确定技术经济指标

单位工程施工组织设计中技术经济指标应包括工期指标、劳动生产率指标、质量指标、安全指标、降低成本指标、主要工程工种机械化程度、三大材料节约指标。

第三节 施工组织总设计内容编制

施工组织总设计内容编制是以整个建设项目或若干个单项工程为编制对象,是对整个工程施工的全盘规划,是指导全局、指导整个工地的施工准备和组织施工的综合性技术文件。它一般是由建设总承包公司或大型工程项目经理部的总工程师主持编制的。

一、工程概况及特点分析

工程概况及特点分析是对整个建设项目总的说明和分析,一般包括下述内容。

(一)建设项目概况

建设项目概况主要包括:建设地点、工程性质、建设总规模、总工期、

分期分批投入使用的项目和期限、占地总面积、总建筑面积、总投资额；主要工种工程量、管线和道路长度、设备安装及其数量；建筑安装工作量、工厂区和生活区的工作量；生产流程和工艺特点；建筑结构类型特征，新技术、新材料的复杂程度和应用情况等。

(二)建设地区的自然、技术经济条件

建设地区的自然、技术经济条件主要包括：气象、地形、地质和水文情况；地区的施工能力、劳动力和生活设施情况；地方建筑构件、制品生产及其材料供应情况；交通运输、水电和其他动力条件等。

(三)其他方面

其他方面包括主要设备、特殊物资供应，参加施工的各单位生产能力和技术水平情况，建设单位或上级主管部门对施工的要求；有关建设项目的决议和协议；土地征用范围和居民搬迁情况等。

二、施工部署

施工部署是对整个建设项目作出的统筹规划和全面安排，即对影响全局性的重大战略部署作出决策，一般包括以下几项内容。

(一)确定工程开展程序

确定建设项目中各项工程合理的开展程序，是关系到整个建设项目能否迅速投产或使用的重大问题。对于大中型工程项目，一般均需根据建设项目总目标的要求，分期分批建设。至于分几期施工，各期工程包含哪些项目，则要根据生产工艺要求、建设单位或业主要求、工程规模大小和施工难易程度、资金、技术资源等情况，由建设单位或业主和施工单位共同研究确定。

(二)施工任务划分与组织安排

在明确施工项目管理体制和机构的条件下，划分各参与施工单位的任务，明确总包与分包的关系，建立施工现场统一的组织领导机构及职能部门，确定综合的和专业化的施工组织，明确各单位之间分工与协作关系，划分施工阶段，确定各单位分期分批的主攻项目和穿插项目。

(三)主要建筑物施工方案及机械化施工总方案的拟定

施工组织总设计应拟定主要建筑物的施工方案和一些特殊的分项工程的施工方案以及机械化施工总方案。其目的是进行技术和资源的准备工作,统筹安排施工现场,以保证整个工程的顺利进行。

机械化施工是目前任何一个大型工程施工所必需的,机械化施工总方案的确定,应满足以下几点:所选主导施工机械的类型和数量既能满足工程的施工需要,又能充分发挥其效能,并能在各工程上实现综合流水作业。所选辅助配套或运输的机械,其性能和产量应与主导施工机械相适应,以充分发挥其综合施工能力和效率。所选机械化施工总方案应技术上先进、经济上合理。

(四)施工准备工作规划

施工准备工作是顺利完成建筑施工任务的保证和前提。应从思想上、组织上、技术上、物资上、现场上全面规划施工准备。施工准备工作的内容有:安排好场内外运输、施工用的道、水、电来源及其引入方案;安排好场地的平整方案和全场性的排水、防洪;安排好生产、生活基地;规划和修建附属生产企业;做好现场测量控制网;对新结构、新材料、新技术组织进行试制和试验;编制施工组织设计和研究制订可靠的施工技术措施等。

三、施工总进度计划

施工总进度计划是根据施工部署,对整个工地上的各项工程做出时间上的安排。其编制方法如下。

(一)列出工程项目一览表并计算工程量

根据批准的总承建工程项目一览表,分别计算各工程项目的工程量。由于施工总进度计划主要起控制性作用,因此项目划分不宜过细,可按确定的工程项目的开展程序排列,应突出主要项目,一些附属、辅助工程、小型工程及临时建筑物可以合并。

计算各工程项目的工程量的目的是正确选择施工方案和主要的施工、运输安装机械;初步规划各主要工程的流水施工,计算各项资源的需要量。因此工程量计算只需粗略计算,可按初步(或扩大初步)设计图纸并根据各种定额手册进行计算。常用的定额资料有以下几种。

1.概算指标和扩大结构定额

这两种定额分别按建筑物的结构类型、跨度、层数、高度等分类,给出每100 m³建筑体积和每100 m²建筑面积的劳动力和主要材料消耗指标。

2.万元、十万元投资工程量的劳动力及材料消耗扩大指标

这种定额规定了某一种结构类型建筑每万元或十万元投资中劳动力、主要材料等消耗数量。根据设计图纸中的结构类型,即可求得拟建工程各分项需要的劳动力和主要材料的消耗数量。

3.标准设计或已建的同类型建筑物、构筑物的资料

在缺乏上述定额手册的情况下,可采用标准设计或已建成的类似工程实际所消耗的劳动力及材料加以类推,按比例估算。但是,与拟建工程完全相同的已建工程是极为少见的,因此在采用已建工程资料时,一般都要进行换算调整。这种消耗指标都是各单位多年积累的经验数字,实际工作中常用这种方法计算。除房屋外,还必须计算其他全工地性工程的工程量,例如场地平整,铁路及道路各种管线长度等,这些可根据建筑总平面图来计算。计算所得的各项工程量填入工程量汇总表中,见表3-2。

表3-2　工程项目工程量汇总表

工程项目分类	工程名称	结构类型	建筑面积	幢数	实物工程量						
					土方工程	基础工程	混凝土工程	砌体工程	钢筋工程	……	装饰工程

(二)确定各建筑物或构筑物的施工期限

建筑物或构筑物的施工期限,应根据合同工期、施工单位的施工技术力量、管理水平、施工项目的建筑结构特征、建筑面积或体积大小、现场施工条件、资金与材料供应等情况综合确定。确定时,还应参考工期定额。工期定额是根据我国各部门多年来的施工经验,是在调查统计的基础上,经分析对比后制订的。

（三）确定各建筑物或构筑物的开竣工时间和相互衔接关系

在施工部署中已确定了总的施工期限、总的展开程序,再通过上面对各建筑物或构筑物施工期限(即工期)进行分析确定后,就可以进一步安排各建筑物或构筑物的开竣工时间和相互衔接关系及时间。在安排各项工程衔接施工时间和开竣工时间时,应考虑下列因素。

同一时间进行的项目不宜过多,避免人力物力分散;要按辅—主—辅安排,辅助工程(动力系统、给排水系统、运输系统及居住建筑群、汽车库等)应先行施工一部分。这样既可以供主要生产车间投产时使用,又可以为施工服务,以节约临时设施费用;安排施工进度时,应尽量使各工种施工人员、施工机械在全工地内连续施工,尽量组织流水施工。从而实现人力、材料和施工机械的综合平衡;要考虑季节影响,以减少施工措施费。一般大规模土方和深基础施工应避开雨期,大批量的现浇混凝土工程应避开在冬期,寒冷地区入冬前应尽量做好围护结构,以便冬期安排室内作业或设备安装工程等;确定一些附属工程或零星项目作为后备项目(如宿舍、商店、附属或辅助车间、临时设施等),供调节项目,穿插在主要项目的流水施工,以使施工连续均衡;应考虑施工现场空间布置的影响①。

（四）安排施工进度

施工总进度计划可以用横道图表达,也可以用网络图表达。由于施工总进度计划只是起控制性作用,因此不必做得太仔细。若把计划编得过细,由于在实施过程中情况复杂多变,调整计划反而不便。当用横道图表达总进度计划时,项目的排列可按施工总体方案所确定的工程开展程序进行。横道图上应表达出各施工项目的开竣工时间及其施工持续时间。

（五）施工总进度计划的检查与调整优化

施工总进度计划表绘制完后,应对其进行检查。检查应从以下几个方面进行:第一,是否满足项目总进度计划或施工总承包合同对总工期以及起止时间的要求;第二,各施工项目之间的衔接是否合理;第三,整

①景冰.浅谈施工组织设计的编制与落地[J].建筑与装饰,2018(4):5-10.

个建设项目资源需要量动态曲线是否均衡;第四,主体工程与辅助工程、配套工程之间是否平衡。

对上述存在的问题,应通过调整优化来解决。施工总进度计划的调整优化,就是通过改变若干工程项目的工期,提前或推迟某些工程项目的开竣工日期,即通过工期优化(费用优化和资源优化)的模式来实现的。

四、资源需要量计划

施工总进度计划编制好了以后,就可以依此编制各种主要资源需要量计划和施工准备工作计划。

(一)劳动力需求计划

劳动力需求计划是确定暂设工程规模和组织劳动力进场的依据。编制时首先根据工种工程量汇总表中列出的各个建筑物专业工种的工程量,根据预算定额或有关资料,便可求得各个建筑物主要工种的劳动量。再根据总进度计划表中各单位工程工种的持续时间,即可得到某单位工程在某段时间里的平均劳动力数。用同样方法可计算出各个建筑物的各主要工种在各个时期的平均工人数。将总进度计划表纵坐标方向上各单位工程同工种的人数叠加在一起并连成一条曲线,即为同工种的劳动力动态曲线图和计划表。

(二)材料、构件及半成品需求计划

根据各工种工程量汇总表所列各建筑物和构筑物的工程量,查万元定额或概算指标,便可得出各建筑物或构筑物所需的建筑材料、构件和半成品的需要量。然后根据总进度计划表,大致估计出某些建筑材料在某季度的需要量,从而编制出建筑材料、构件和半成品的需要量计划。它是材料和构件等落实组织货源、签订供应合同、确定运输方式、编制运输计划、组织进场、确定暂设工程规模的依据。要以表格的形式确定计划,安排各种材料、构件及半成品的进场顺序、时间和堆放场地。

(三)施工机具需求计划

主要施工机械,如塔吊、挖土机、起重机等的需要量,根据施工进度

计划,主要建筑物施工方案和工程量,并套用机械产量定额求得。辅助机械可以根据建筑工程每十万元扩大概算指标求得。运输机械的需要量根据运输量计算。最后编制施工机具需求计划。施工机具需求计划除为组织机械供应外,还可作为施工用电、选择变压器容量等的计算和确定停放场地面积的依据。

(四)施工准备工作计划

上述计划能否按期实现,很大程度上取决于相应的准备工作能否及时开始、按时完成。因此,必须将准备工作逐一落实,并用文件形式布置下去,以便于在实施中检查和督促。施工准备工作计划一般有以下一些内容:施工临时用房的确定;施工场地测量控制网;临时道路、施工场地清理;施工用水、用电的来源和状况;图纸会审;编制施工组织设计;大型机械设备进场计划;原材料、成品、半成品的来源、质量和进场计划;施工试验段的先期完成计划;其他。

(五)施工总平面布置图

施工总平面布置图是用来表示合理利用整个施工场地的周密规划和布置。它是按照施工部署、施工方案和施工总进度的要求,将施工现场的道路交通、材料仓库或堆场、附属企业或加工厂、临时房屋、临时水电与动力管线等进行合理布置,以图纸形式表现出来,从而正确处理全工地施工期间所需各项设施和永久建筑、拟建工程之间的空间关系,以指导现场进行有组织有计划地文明施工。

建筑施工过程是一个变化的过程,工地上的实际情况随着工程进展在改变着,因此,对于大型工程项目或施工期限较长、场地狭窄的工程,施工总平面图还应按照施工阶段分别进行设计。

1.施工总平面图设计的依据

施工总平面图设计的依据主要包括:招标文件、投标文件及合同文件;各种勘察设计资料,包括建筑总平面图、地形地貌图、区域规划图、建筑项目范围内有关的一切已建和拟建的各种设施位置图;建设项目的建筑概况、施工部署和拟建主要工程施工方案、施工总进度计划,以便了解各施工阶段情况,合理规划施工场地;各种建筑材料、构件、加工品、施工机械和运输工具需要量一览表,以便规划工地内部的储放场地和运输线路;各构件加工厂的规模、仓库及其他临时设施的数量及有关参数;建设地区的自然条件和技术经济条件。

2.施工总平面图设计的原则

施工总平面图设计的原则:尽量减少施工用地,使平面布置紧凑合理;充分利用各种永久性建筑物、构筑物和原有设施为施工服务,以降低临时设施的费用;合理布置各种仓库、机械、加工厂的位置,减少工地内部运输,降低运输费;工地上各种生产、生活设施,应有利于生产,方便生活;应满足劳动保护和保安以及防火功能的要求;应满足环境保护的要求。

3.施工总平面图设计的内容与步骤

(1)基本平面图的绘制

按比例绘制整个建设场地范围内的及其他设置的位置和尺寸。

(2)进场交通的布置

设计施工总平面图时,首先应研究大批材料、成品、半成品及机械设备等进入现场的问题。它们进入现场的方式不外乎铁路、公路和水运。当大批材料由铁路运入工地时,应将建筑总平面图中的永久性铁路专用线提前修建,为工程施工服务,引入时应注意铁路的转弯半径和竖向设计的要求。当大批材料由水路运入时,应充分利用原有码头的吞吐能力。当需要增设码头时,卸货码头不应少于两个,其宽度应大于2.5 m。并可考虑在码头附近布置生产企业或转运仓库。当大批材料、物资通过公路运进现场时,由于公路布置灵活,设计施工总平面图时,应该先将仓库及生产企业布置在最合理最经济的地方,然后再来布置通向场外的公路线。对公路运输的规划,应统筹考虑,先布置干线,后布置支线。

(3)仓库与材料堆场的布置

仓库(或堆场)的分类及布置。建筑工程所用仓库按其用途分为:①转运仓库,一般设在火车站、码头附近,作为转运之用;②中心仓库,用以储存整个企业、大型施工现场材料之用;③现场仓库(或堆场),即为某一工程服务的仓库。

通常在布置仓库时,应尽量利用永久性仓库;仓库和材料堆场应接近使用地点;仓库应位于平坦、宽敞、交通方便之处,且应遵守安全技术和防火规定。例如,砂石、水泥、石灰、木材等仓库或堆场宜布置在搅拌站、预制厂和木材加工厂附近;砖、瓦和预制构件等直接使用的材料应该布置在施工对象附近,以免二次搬运。

各种仓库面积的确定。确定某一种建筑材料的仓库面积,与该市建筑材料需贮备的天数、材料的需要量以及仓库每平方米能贮存的定额等因素有关。一般先按照相应公式求出某种材料的储备量,在求得某种材料的贮备量后,便可根据此种材料每平方米的贮备定额。在设计仓库时还应正确决定仓库的长度和宽度,仓库的长度应满足货物装卸的要求,需有一定的装卸前线。

(4)加工厂(场)的布置

通常工地加工厂(场)的类型主要有:钢筋混凝土预制构件加工厂、木材加工厂、钢筋加工场、金属结构构件加工厂和机械修理厂等。各种加工厂布置,应以方便使用、安全防火、运输费用最少、不影响建筑安装工程施工的正常进行为原则。一般应将加工厂集中布置在同一个地区,且多处于工地边缘。各种加工厂应与相应的仓库或材料堆场布置在同一地区。

加工厂建筑面积的确定,主要取决于设备尺寸、工艺过程及设计、加工量、安全防火等,通常可参考有关经验指标等资料确定。

(5)工地内部运输道路的布置

应根据各加工厂、仓库及各施工对象的位置布置道路,并研究货物周转运行图,以明确各段道路上的运输负担,区别主要道路和次要道路。规划这些道路时要特别注意运输车辆的安全行驶,尽量不要形成交通断绝或阻塞。在规划临时道路时,应考虑充分利用拟建的永久性道路系统,提前修建或先修建路基及简单路面,作为施工所需的临时道路。道路应有足够的宽度和转弯半径,现场内道路干线应采用环形布置。主要道路应采用双车道,其宽度不得小于6 m。次要道路可为单车道,其宽度不得小于3.5 m。临时道路的路面结构,应根据运输情况、运输工具和使用条件来确定。

(6)行政与生活临时建筑的布置

行政与生活临时建筑的类型及布置包括：①行政管理和辅助生产用房，包括办公室、警卫室、消防站、汽车库以及修理车间等；②居住用房，包括职工宿舍、招待所等；③生活福利用房，包括俱乐部、学校、托儿所、图书馆、浴室、理发室、开水房、商店、食堂、邮亭、医务所等。

各种生活与行政管理用房应尽量利用建设单位的生活基地或现场附近的其他永久性建筑，不足部分另行修建临时建筑物。临时建筑物的设计，应遵循经济、适用、装拆方便的原则，并根据当地的气候条件、工期长短确定其建筑与结构形式。

一般全工地性行政管理用房宜设在全工地入口处，以便对外联系。也可设在工地中部，便于全工地管理；工人用的福利设施应设置在工人较集中的地方或工人必经之路，生活基地应设在场外，距工地 500～1000 m 为宜。避免设在低洼潮湿、有烟尘和有害健康的地方。食堂宜布置在生活区，也可设在工地与生活区之间。

(7)临时水电管网及其他动力设施的布置

工地临时供水的规划。建筑工地临时供水，包括生产用水（含工程施工用水和施工机械用水）、生活用水（含施工现场生活用水和生活区生活用水）和消防用水三个方面。

选择水源。建筑工地的临时供水水源，应尽量利用现场附近已有的供水管道，只有在现有给水系统供水不足或根本无法利用时，才使用天然水源。天然水源有：地表水（江河水、湖水、水库水等），地下水（泉水等）。选择水源应考虑下列因素：水量充沛可靠，能满足最大需水量的要求；符合生活饮用水、生产用水的水质要求；取水、输水、净水设施安全可靠；施工、运转、管理、维护方便。

配置临时给水系统。临时给水系统由取水设施、净水设施、贮水构筑物（水塔及蓄水池）、输水管及配水管线组成。通常应尽量先修建永久性给水系统，只有在工期紧迫、修建永久性给水系统难以应急时，才修建临时给水系统。

取水设施一般由取水口、进水管和水泵组成。取水口距河底(或井底)不得小于 0.25 ~ 0.9 m。给水工程所用水泵有离心泵、隔膜泵及活塞泵三种,所选用的水泵应具有足够的抽水能力和扬程。贮水构筑物有水池、水塔和水箱。在临时给水中,如水泵非昼夜连续工作,则必须设置贮水构筑物。其容量以每小时消防用水量来决定,但不得小于 10 ~ 20 m³。管径计算,根据工地总需水量,选择管材,临时给水管道,根据管道尺寸和压力大小进行选择,一般干管为钢管或铸铁管,支管为钢管。

工地临时供电规划,建设工地临时供电规划包括:计算用电总量、选择电源、确定变压器、确定导线截面面积和布置配电线路。

计算用电总量。施工工地的总用电量包括动力用电和照明用电两类。

选择电源。比较经济的方案是利用施工现场附近已有的高压线路或发电站及变电所,但事前必须将施工中需要的用电量向供电部门申请。如果在新辟的地区中施工,没有电力系统时,则需自备发电站。通常是将附近的高压电,经设在工地变压器降压后,引入工地。

确定配电导线截面积。导线的截面需根据电流强度进行选择。根据电流强度,查看导线产品目录或出厂标签标注的导线持续容许电流,就可以选择合适的导线。临时供电网的布置与水管网的布置相似,它们均有环状布置、枝状布置和混合式三种形式,如图3-2所示。

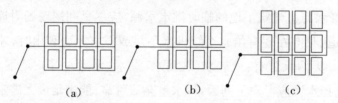

(a)   (b)   (c)

(a)环状;(b)枝状;(c)混合式

图3-2　临时供水供电管线布置形式

其他设施的布置。施工工地应依据防火要求设置消防站,一般设置在易燃建筑物附近,并须有通畅的出口和消防栓,其间距不得大于100 m。

上述施工总平面图的设计步骤不是截然分开、孤立进行的,而需要相互联系,综合考虑,经反复修正后才能确定下来。

第四章 市政工程项目施工管理

第一节 施工项目管理

一、施工项目

(一)施工项目的概念

施工企业自工程施工投标开始到保修期满为止的全过程中完成的项目,即作为施工企业被管理对象的一次性施工任务,简称施工项目[①]。

建筑项目与施工项目的范围和内容虽然不同,但两者均是项目,服从于项目管理的一般规律,两者所进行的客观活动共同构成工程活动的整体。施工企业需要按建筑单位的要求交付建筑产品,两者是建筑产品的买卖双方。

(二)施工项目的特点

施工项目的特点主要有:施工项目可以是建筑项目,也可能是其中的一个单项工程或单位工程的施工活动过程;施工项目以建筑施工企业为管理主体;施工项目的任务范围受限于项目业主和承包施工的建筑施工企业所签订的施工合同;施工项目产品具有多样性、固定性、体积庞大等特点。

二、施工项目管理

(一)施工项目管理的概念

施工项目管理是施工企业运用系统的观点、理论和科学技术对施工

---

①李斯海. 市政工程建设项目管理理论与实践[M]. 北京:人民交通出版社,2014.

项目进行计划、组织、监督、控制、协调等全过程和全方位的管理,实现按期、优质、安全、低耗的项目管理目标。它是整个建筑工程项目管理的一个重要组成部分,其管理的对象是施工项目。

(二)施工项目管理的特点

1.施工项目的管理者是建筑施工企业

由业主或监理单位进行的工程项目管理中涉及的施工阶段管理仍属建筑项目管理,不能算作施工项目管理,即项目业主和监理单位都不进行施工项目管理。项目业主在建筑工程项目实施阶段进行建筑项目管理时涉及施工项目管理,但只是建筑工程项目发包方和承包方的关系,是合同关系,不能算作施工项目管理。监理单位受项目业主委托,在建筑工程项目实施阶段进行建筑工程监理,把施工单位作为监督对象,虽与施工项目管理有关,但也不是施工项目管理。

2.施工项目管理的对象是施工项目

施工项目管理的周期就是施工项目的生产周期,包括工程投标、签订工程项目承包合同、施工准备、施工及交工验收等。施工项目管理的主要特殊性是生产活动与市场交易活动同时进行,先有施工合同双方的交易活动,后才有建筑工程施工,是在施工现场预约、订购式的交易活动,买卖双方都投入生产管理。所以,施工项目管理是对特殊的商品、特殊的生产活动,在特殊的市场上进行的特殊交易活动的管理,其复杂性和艰难性都是其他生产管理所不能比拟的。

3.施工项目管理的内容是按阶段变化的

施工项目必须按施工程序进行施工和管理。从工程开工到工程结束,要经过一年甚至十几年的时间,经历了施工准备、基础施工、主体施工、装修施工、安装施工、验收交工等多个阶段,每一个工作阶段的工作任务和管理的内容都有所不同。因此,管理者必须做出设计、提出措施,进行有针对性的动态管理,使资源优化组合,以提高施工效率和施工效益。

4.施工项目管理要求强化组织协调工作

由于施工项目生产周期长,参与施工的人员多,施工活动涉及许多复杂的经济关系、技术关系、法律关系、行政关系和人际关系等,所以施工项目管理中的组织协调工作最为艰难、复杂、多变,必须采取强化组织协调的措施才能保证施工项目顺利实施。

(三)施工项目管理的目标

施工方作为项目建筑的一个参与方,其项目管理主要服务于项目的整体利益和施工方本身的利益,其项目管理的目标包括施工的安全管理目标、施工的成本目标、施工的进度目标和施工的质量目标。

(四)施工项目管理的任务

施工项目管理的主要任务包括下列内容:施工项目职业健康安全管理;施工项目成本控制;施工项目进度控制;施工项目质量控制;施工项目合同管理;施工项目沟通管理;施工项目收尾管理。

施工方的项目管理工作主要在施工阶段进行,但由于设计阶段和施工阶段在时间上通常是交叉的,因此,施工方的项目管理工作也会涉及设计阶段。在动用资金前准备阶段和保修期施工合同尚未终止,在这期间,还有可能出现涉及工程安全、费用、质量、合同和信息等方面的问题,因此,施工方的项目管理也涉及动工前准备阶段和保修期。

三、施工项目管理程序

(一)投标与签订合同阶段

建筑单位对建筑项目进行设计和建筑准备,在具备了招标条件以后,便发出招标公告或邀请函。施工单位见到招标公告或邀请函后,从做出投标决策至中标签约,实质上便是在进行施工项目的工作,本阶段的最终管理目标是签订工程承包合同,并主要进行以下工作:第一,建筑施工企业从经营战略的高度做出是否投标争取承包该项目的决策;第二,决定投标以后,从多方面(企业自身、相关单位、市场、现场等)掌握大量信息;第三,编制能使企业盈利又有竞争力的标书;第四,如果中标,则与招标方谈判,依法签订工程承包合同,使合同符合国家法律、法规和国家计划,符合平等互利原则。

(二)施工准备阶段

施工单位与投标单位签订了工程承包合同,交易关系正式确立以后,便应组建项目经理部,然后以项目经理为主,与企业管理层、建筑(监理)单位配合,进行施工准备,使工程具备开工和连续施工的基本条件。

这一阶段主要进行以下工作:第一,成立项目经理部,根据工程管理的需要建立机构,配备管理人员;第二,制订施工项目管理实施规划,以指导施工项目管理活动;第三,进行施工现场准备,使现场具备施工条件,利于进行文明施工;第四,编写开工申请报告,等待批准开工。

(三)施工阶段

这是一个自开工至竣工的实施过程,在这一段过程中,施工项目经理部既是决策机构,又是责任机构。企业管理层、项目业主和监理单位的作用是支持、监督与协调。这一阶段的目标是完成合同规定的全部施工任务,达到验收、交工的条件。

这一阶段主要进行以下工作:进行施工;在施工中努力做好动态控制工作,保证质量目标、进度目标、成本目标、安全目标和盈利目标的实现;管理好施工现场,实行文明施工;严格履行施工合同,处理好内外关系,管理好合同变更及索赔;做好记录、协调、检查和分析工作。

(四)验收、交工与结算阶段

这一阶段可称作"结束阶段",与建筑项目的竣工验收阶段协调同步进行。其目标是对成果进行总结、评价,对外结清债权债务,结束交易关系。

本阶段主要进行以下工作:工程结尾;进行试运转;接受正式验收;整理、移交竣工文件,进行工程款结算;总结工作,编制竣工总结报告;办理工程交付手续,项目经理部解体。

(五)使用后服务阶段

这是施工项目管理的最后阶段,即在竣工验收后,按合同规定的责任期提供用后服务,回访与保修,其目的是保证使用单位正常使用,发挥效益。

该阶段中主要进行以下工作:为保证工程正常使用而做的必要的技

术咨询和服务;进行工程回访,听取使用单位的意见,总结经验教训,观察使用中的问题,进行必要的维护、维修和保修;进行沉陷、抗震等性能的观察。

第二节 施工项目技术管理

一、施工项目技术管理的重要性

市政工程项目施工管理的目标就是在确保合同规定的工期和质量要求的前提下,力求降低工程施工成本,追求施工的最大利润。要达到保证工程质量,保证按期交工,同时还要力求降低工程施工成本,就要在工程施工管理过程中抓好技术管理工作。通过技术管理工作做好施工前各项准备,加强施工过程重点难点控制,科学管理现场施工,优化配置提高劳动生产率,降低资源消耗,进而达到质量、进度和成本多方面的和谐统一。简单来说,做好施工技术管理工作就能掌握工程施工的重心,为工程顺利实施提供最好的服务和保障。

二、施工技术管理工作的内容

施工项目技术管理工作具体包括技术管理基础性工作、施工过程的技术管理工作、技术开发管理工作、技术经济分析与评价等。项目经理部应根据项目规模设置项目技术负责人,项目经理部必须在企业总工程师和技术管理部门的指导下,建立技术管理体系。项目经理部的技术管理应执行国家技术政策和企业的技术管理制度,项目经理部可自行制订特殊的技术管理制度,并经总工程师审批。施工项目技术管理工作主要有以下两个方面的内容。

(一)日常性的技术管理工作

日常性技术管理工作是施工技术管理工作的基础。它包括制订技术措施和技术标准;编制施工管理规划;施工图纸的熟悉、审查和会审;组织技术交底;建立技术岗位责任制;严格贯彻技术规范和规程;执行技术检验和规程；监督与控制技术措施的执行，处理技术问题等；技术情报、技术交流、技术档案的管理工作以及工程变更和变更洽谈等。

（二）创新性的技术管理工作

创新性技术管理工作是施工技术管理工作的进一步提高。它包括进行技术改造和技术创新；组织各类技术培训工作；根据需要制订新的技术措施和技术标准等。

三、建立技术岗位责任制

建立技术岗位责任制是对各级技术人员划定明确的职责范围，以达到各负其责，各司其职，充分调动各级技术人员的积极性和创造性。虽然项目技术管理不能仅仅依赖于单纯的工程技术人员和技术岗位责任制，但是技术岗位责任制的建立，对于做好项目基础技术工作，对于认真贯彻国家技术政策，对于促进生产技术的发展和保证工程质量都有着极为重要的作用[1]。

（一）技术管理机构的主要职责

技术管理机构的主要职责有以下几点：组织贯彻执行国家有关技术政策和上级颁发的技术标准、规定、规程和个性技术管理制度；按各级技术人员的职责范围分工负责做好日常性的技术业务工作；深入实际，调查研究，进行全过程的质量管理，进行有关技术咨询，总结和推广先进经验；科学研究，开发新技术，负责技术改造和技术革新的推广应用。

（二）项目经理的主要职责

为了确保项目施工的顺利进行，避免技术问题和质量事故的发生，保证工程质量，提高经济效益。项目经理应抓好以下技术工作：第一，贯彻各级技术责任制，明确各级人员组织和职责分工。第二，组织审查图纸，掌握工程特点与关键部位，以便全面考虑施工部署与施工方案。第三，决定本工程项目拟采用的新技术、新工艺、新材料和新设备。第四，主持技术交流，组织全体技术管理人员对施工图和施工组织的设计、重要施工方法和技术措施等进行全面深入的讨论。第五，进行人才培训，不断

---

[1]孙晓君. 市政工程项目施工阶段质量管理研究[D]. 天津：天津大学, 2013.

提高职工的技术素质和技术管理水平,一方面为提高业务能力而组织专题技术讲座;另一方面应结合生产需要,组织学习规范规程、技术措施、施工组织设计以及与工程有关的新技术等。第六,深入现场,经常检查重点项目和关键部位。检查施工操作、原材料使用、检验报告、工序搭接、施工质量和安全生产等方面的情况,对出现的问题、难点、薄弱环节,要及时提交给有关部门和人员研究处理。

（三）各级技术人员的主要职责

1.总工程师的主要职责

总工程师是施工项目的技术负责人,对重大技术问题中的技术疑难问题有权作出决策。其主要职责如下:全面负责技术工作和技术管理工作;贯彻执行国家的技术政策、技术标准、技术规程、验收规范和技术管理制度等;组织编制技术措施纲要及技术工作总结;领导开展技术革新活动,审定重大的技术革新、技术改造和合理化建议;组织编制和实施科技发展规划、技术革新计划和技术措施计划;组织编制和审批施工组织设计和重大施工方案,组织技术交底,参加竣工验收;参加引进项目的考察和谈判;主持技术会议,审定签发技术规定、技术文件,处理重大施工技术问题;领导技术培训工作,审批技术培训计划。

2.专业工程师的主要职责

专业工程师的主要职责有:主持编制施工组织设计和施工方案,审批单位工程的施工方案;主持图纸会审和工程的技术交底;组织技术人员学习和贯彻执行各项技术政策、技术规程、规范、标准和各项技术管理制度;组织制订保证工程质量和安全的技术措施,主持主要工程的质量检查,处理施工质量和施工技术问题;负责技术总结,汇总竣工资料及原始技术凭证;编制专业的技术革新计划,负责专业的科技情报、技术革新、技术改造和合理化建议,对专业的科技成果组织鉴定。

3.单位工程技术负责人的主要职责

单位工程技术负责人的主要职责包括:全面负责施工现场的技术管理工作;负责单位工程图纸审查及技术交流;参加编制单位工程的施工组织设计,并贯彻执行;负责贯彻执行各项专业技术标准,严格执行验收规范和质量鉴定标准；负责技术复核工作，如对轴线、标高及坐标等的复核；负责单位工程的材料检验工作；负责整理技术档案原始资料及施工技术总结，绘制竣工图；参加质量检查和竣工验收工作。

四、施工技术管理的基本制度

项目管理的效率性条件之一就是制度的保证。技术管理工作的基础工作是技术管理制度，包括制度的建立、健全、贯彻与执行。主要管理制度有以下几种。

（一）图纸审查制度

图纸是进行施工的依据，施工单位的任务就是按照图纸的要求，高速优质地完成施工项目。图纸审查的目的在于熟悉和掌握图纸的内容和要求，解决各工种之间的矛盾和协作，发现并更正图纸中的差错和遗漏，提出不便于施工的设计内容，进行洽商和更正。图纸审查的步骤可分为学习、初审、会审三个阶段。

1.学习阶段

学习图纸主要是摸清建筑规模和工艺流程、结构形式和构造特点、主要材料和特殊材料技术标准与质量要求以及坐标和标高等，应充分了解设计意图及对施工的要求。

2.初审阶段

掌握工程的基本情况以后，分工种详细核对各工种的详图，核查有无错、漏等问题，并对有关影响建筑物安全、使用、经济的问题提出初步修改意见。

3.会审阶段

会审阶段指各专业之间对施工图的审查。在初审的基础上，各专业之间核对图纸是否相符，有无矛盾，消除差错，协商配合施工事宜。对图纸中有关影响建筑物安全、使用、经济等问题提出修改意见，还应研究设计中提出的新结构、新技术实现的可能性和应采取的必要措施。

（二）技术交底制度

技术交底是在正式施工之前，对参与施工的有关管理人员、技术人员和技术工人交代工程情况和技术要求,避免发生指导和操作错误,以便科学地组织施工,并按合理的工序、工艺流程进行作业。图纸交底目的是使施工人员了解设计意图、建筑和结构的主要特点、重要部位的构造和要求等,以便掌握设计要点,做到按图施工。

施工组织设计交底要将施工组织设计的全部内容向施工人员交代,以便掌握工程特点、施工部署、任务划分、进度要求、主要工种的相互配合、施工方法、主要机械设备及各项管理措施等。

设计变更交底将设计变更的部位向施工人员交代清楚,讲明变更的原因,以免施工时遗漏造成差错。技术交底可分级、分阶段进行。各级交底除口头和文字交底外,必要时用图纸、示范操作等方式进行。

(三)技术核定制度

技术核定是指对重要的关键部位或影响全工程的技术对象进行复核,避免发生重大差错而影响工程的质量和使用。核定的内容视工程情况而定,一般包括建筑物坐标、标高和轴线、基础和设备基础、模板、钢筋混凝土和砖砌体、大样图、主要管道和电气等,均要按质量标准进行复查和核定。

(四)检验制度

建筑材料、构件、零配件和设备质量的优劣直接影响建筑工程的质量。因此,必须加强检验工作,并健全试验检验机构,把好质量检验关。凡用于施工的原材料、半成品和构配件等必须有供应部门或厂方提供的合格证明。对没有合格证明或虽有合格证明,但经质量部门检查认为有必要复查的,均需进行检验或复验,证明合格后方能使用。

钢材、水泥、砂、焊条等结构用材除了应有出厂合格证明或检验单外,还应按规范和设计要求进行检验。

混凝土、砂浆、灰土、夯土、防水材料的配合比等都应严格按规定的部位及数量制作试块、试样,按时送交试验,检验合格后才能使用。

对钢筋混凝土构件和预应力钢筋混凝土构件均应按规定的方法进行抽样检验。

加强对工业设备的检查,试验和试运转工作。设备运到现场后,安装前必须进行检查验收、做好记录,重要的设备、仪器、仪表还应开箱检验。

(五)工程质量检查和验收制度

依照有关质量标准逐项检查操作质量,并根据施工项目特点分别对隐蔽工程、分项工程和竣工工程进行验收,逐个环节地保证工程质量。工程质量检查应贯彻专业检查与群众检查相结合的方法,一般可分为自检、互检、交接检查及各级管理机构定期检查或抽查。检查内容除按质量标准规定进行外,还应针对不同的分部、分项工程分别检查测量定位、放线、放样、基坑、土质、焊接、拼装吊装、模板支护、钢筋绑扎、混凝土配合比、工业设备和仪表安装以及装修等工作项目,并做好记录,发现问题或偏差应及时纠正。

(六)技术档案管理制度

技术档案包括三个方面,即工程技术档案、施工技术档案和大型临时设施档案。

1.工程技术档案

工程技术档案是为工程竣工验收提供给建筑单位的技术资料。它反映了施工过程的实际情况,对该项工程的竣工使用、维修管理、改建扩建等是不可缺少的依据。主要包括以下内容:①竣工项目一览表,包括名称、面积、结构、层数等;②设计方面的有关资料,包括原施工图、竣工图、图纸会审记录、洽商变更记录、地质勘察资料;③材料质量证明和试验资料,包括原材料、成品、半成品、构配件和设备等质量合格证明或试验检验单;④隐蔽工程验收记录和竣工验收证明;⑤工程质量检查评定记录和质量事故分析处理报告;⑥设备安装和采暖、通风、卫生、电气等施工和试验记录以及调试、试压、试运转记录;⑦永久性水准点位置、施工测量记录和建筑物、构筑物沉降观测记录;⑧施工单位和设计单位提出的建筑物、构筑物使用注意事项有关文件资料。

2.施工技术档案

施工技术档案主要包括施工组织设计和施工经验总结,新材料、新结构和新工艺的试验研究及经验总结,重大质量事故、安全事故的分析资料和处理措施,技术管理经验总结和重要技术决定,施工日志等。

3.大型临时设施档案

大型临时设施档案主要包括临时房屋、库房、工棚、围墙、临时水电管线设置的平面布置图和施工图以及施工记录等。

对市政工程施工技术档案的管理,要求做到完整、准确和真实。技术文件和资料要经各级技术负责人正式审定后才有效,不得擅自修改或事后补做。

第五章 市政工程施工现场技术管理

第一节 市政道路工程施工技术管理

一、施工准备与测量

(一)施工准备

开工前,建设单位应向施工、监理、设计等单位有关人员进行交底,并应形成文件。向施工单位提供施工现场及其毗邻区域内各种地下管线等构筑物的现况详细资料和地勘、气象、水文观测资料,相关设施管理单位应向施工、监理单位的有关技术管理人员进行详细的交底;应研究确定施工区域内地上、地下管线等构筑物的拆移、保护或加固方案,并应形成文件后实施。

开工前,建设单位应组织设计、勘测单位向施工单位移交现场测量控制桩、水准点,并形成文件。施工单位应结合实际情况,制订施工测量方案,建立测量控制网、线、点。

施工单位应根据建设单位提供的资料,组织有关人员对施工现场进行全面深入的调查;应熟悉现场地形、地貌、环境条件;应掌握水、电、劳动力、设备等资源供应条件,并应核实施工影响范围内的管线、构筑物、河湖、绿化、杆线、文物古迹等情况。

开工前,施工技术人员应对施工图进行认真审查,发现问题应及时与设计人联系,进行变更,并形成文件。

开工前,施工单位应编制施工组织设计。施工组织设计应根据合同、标书、设计文件和有关施工的法规、标准、规范、规程及现场实际条件编制。内容应包括：施工部署、施工方案、保证质量和安全的保障体系与技术措施、必要的专项施工设计以及环境保护、交通疏导措施等。

施工前应做好量具、器具的检查工作与有关原材料的检验。

施工前，应根据施工组织设计确定工程质量控制的单位工程、分部工程、分项工程和检验批，报监理工程师批准后执行，并作为施工质量控制的基础。

开工前应结合工程特点对现场作业人员进行技术安全培训，对特殊工种进行资格培训。

应根据政府有关安全、文明施工生产的法规规定，结合工程特点、现场环境条件，搭建现场临时生产、生活设施，并应制定施工管理措施；结合施工部署与进度计划，应做好安全、文明生产和环境保护工作[1]。

（二）施工测量

施工测量开始前应完成下列准备工作：第一，建设单位组织设计、勘测单位向施工单位办理桩点交接手续；第二，给出施工图控制网、点等级、起算数据，并形成文件；第三，施工单位应进行现场踏勘、复核；第四，施工单位应组织学习设计文件及相应的技术标准，根据工程需要编制施工测量方案；第五，测量仪器、设备、工具等使用前应进行符合性检查，确认符合要求；第六，严禁使用未经计量检定、校准及超过检定有效期或检定不合格的仪器、设备、工具。

施工单位开工前应对施工图规定的基准点、基准线和高程测量控制资料进行内业及外业复核。复核过程中，当发现不符或与相邻施工路段或桥梁的衔接有问题时，应向建设单位提出，进行查询，并取得准确结果。

开工前施工单位应在合同规定的期限内向建设单位提交测量复核书面报告。经监理工程师签字批准后，方可作为施工控制桩放线测量、建立施工控制网、线、点的依据。施工测量用的控制桩应进行保护并校测，测量记录应使用专用表格，记录应字迹清楚，严禁涂改。施工中应建立施工测量的技术质量保证体系，建立健全测量复核制度。从事施工测量

---

①周秀川.市政工程施工现场管理探讨[J].装饰装修天地,2019(18):142.

的作业人员应经专业培训,考核合格后持证上岗。测量控制网应做好与相邻道路、桥梁控制网的联系。

二、路基工程

(一)施工排水与降水

施工前,应根据工程地质、水文、气象资料、施工工期和现场环境编制排水与降水方案。在施工期间排水设施应及时维修、清理,保证排水通畅。

施工排水与降水应保证路基土壤天然结构不受扰动,保证附近建筑物和构筑物的安全。

施工排水与降水设施,不得破坏原有地面排水系统,且宜与现况地面排水系统及道路工程永久排水系统相结合。

当采用明沟排水时,排水沟的断面及纵坡应根据地形、土质和排水量确定。当需用排水泵时,应根据施工条件、渗水量、扬程与吸程要求选择。施工排出水,应引向离路基较远的地点。

在细砂、粉砂土中降水时,应采取防止流砂的措施。在路堑坡顶部外侧设排水沟时,其横断面和纵向坡度,应经水力计算确定,且底宽与沟深均不宜小于50cm。排水沟离路堑顶部边缘应有足够的防渗安全距离或采取防渗措施,并在路堑坡顶部筑成倾向排水沟2%的横坡。排水沟应采取防冲刷措施。

(二)土方路基

路基施工前,应将地面上的积水排除、疏干,将树根坑、井穴等进行技术处理,并将地面整平。

人机配合土方作业,必须设专人指挥。机械作业时,配合作业人员严禁处在机械作业和走行范围内。配合人员在机械走行范围内作业时,机械必须停止作业。

路基填、挖接近完成时,应恢复道路中线、路基边线,进行整形,并碾压成活。当遇有翻浆时,必须采取处理措施。当采用石灰土处理翻浆时,土壤宜就地取材。路堑、边坡开挖方法应根据地势、环境状况、路堑尺寸及土壤种类确定。

土方开挖应根据地面坡度、开挖断面、纵向长度及出土方向等因素结合土方调配,选用安全、经济的开挖方案。

挖方施工应符合下列规定:挖土时应自上向下分层开挖,严禁掏洞开挖。作业中断或作业后,开挖面应做成稳定边坡。机械开挖作业时,必须避开构筑物、管线,在距管道边 1 m 范围内应采用人工开挖;在距直埋缆线 2 m 范围内必须采用人工开挖。严禁挖掘机等机械在电力架空线路下作业。需在其一侧作业时,垂直及水平安全距离应符合表5-1的规定。

表5-1　挖掘机、起重机(含吊物、载物)等机械与电力架空线路的最小安全距离

电压/kV		<1	10	35	110	220	330	500
安全距离/m	沿垂直方向	1.5	3.0	4.0	5.0	6.0	7.0	8.5
	沿水平方向	1.5	2.0	3.5	4.0	6.0	7.0	8.5

填方施工应符合下列规定:填方前应将地面积水、积雪(冰)和冻土层、生活垃圾等清除干净。填方材料的强度(CBR)值应符合设计要求,其最小强度值应符合表5-2规定。不应使用淤泥、沼泽土、泥炭土、冻土、有机土以及含生活垃圾的土做路基填料。填方中使用房渣土、工业废渣等需经过试验,确认可靠并经建设单位、设计单位同意后方可使用。路基填方高度应按设计标高增加预沉量值。预沉量应根据工程性质、填方高度、填料种类、压实系数和地基情况与建设单位、监理工程师、设计单位共同商定确认。填土应分层进行,下层填土验收合格后,方可进行上层填筑。路基填土宽度每侧应比设计规定宽50 cm。路基填筑中宜做成双向横坡,一般土质填筑横坡宜为2%~3%,透水性小的土类填筑横坡宜为4%。透水性较大的土壤边坡不宜被透水性较小的土壤所覆盖。在路基宽度内,每层虚铺厚度应视压实机具的功能确定。人工夯实虚铺厚度应小于20 cm。

5-2　路基填料强度（CBR）的最小值

填方类型	路床顶面以下深度/cm	最小强度/%	
		城市快速路、主干路	其他等级道路
路床	0～30	8.0	6.0
路基	30～80	5.0	4.0
路基	80～150	4.0	3.0
路基	>150	3.0	2.0

（三）石方路基

施工前应根据地质条件、工程作业环境,选定施工机具设备。开挖路堑发现岩性有突变时,应及时报请设计单位办理变更设计。爆破施工必须由取得爆破专业技术资质的企业承担,爆破工应经技术培训持证上岗。现场必须设专人指挥。石方填筑路基应符合下列规定:①修筑填石路堤应进行地表清理,先码砌边部,然后逐层水平填筑石料,确保边坡稳定;②施工前应先修筑试验段,以确定能达到最大压实干密度的松铺厚度与压实机械组合及相应的压实遍数、沉降差等施工参数;③填石路堤宜选用12 t以上的振动压路机、25 t以上的轮胎压路机或2.5 t以上的夯锤压(夯)实;④路基范围内管线、构筑物四周的沟槽宜回填土料。

（四）构筑物处理

路基范围内存在既有地下管线等构筑物时,施工应符合下列规定:施工前,应根据管线等构筑物顶部与路床的高差,结合构筑物结构状况,分析、评估其受施工影响程度,采取相应的保护措施。构筑物拆改或加固保护处理措施完成后,应由建设单位、管理单位参加进行隐蔽验收,确认符合要求、形成文件后,方可进行下一步工序施工。施工中,应保持构筑物的临时加固设施处于有效工作状态。对构筑物的永久性加固,应在达到规定强度后,方可承受施工荷载。

新建管线等构筑物间或新建管线与既有管线、构筑物间有矛盾时,应报请建设单位,由管线管理单位、设计单位确定处理措施,并形成文件,据以施工。

沟槽回填土施工应符合下列规定:回填土应保证涵洞(管)、地下构筑物结构安全和外部防水层及保护层不受破坏。预制涵洞的现浇混凝土基础强度及预制件装配接缝的水泥砂浆强度达 5 MPa 后,方可进行回填。砌体涵洞应在砌体砂浆强度达到 5 MPa,且预制盖板安装后进行回填,现浇钢筋混凝土涵洞,其胸腔回填土宜在混凝土强度达到设计强度 70% 后进行,顶板以上填土应在达到设计强度后进行。涵洞两侧应同时回填,两侧填土高差不得大于 30 cm。对有防水层的涵洞靠防水层部位应回填细粒土,填土中不得含有碎石、碎砖及大于 10 cm 的硬块。土壤最佳含水量和最大干密度应经试验确定,回填过程不得劈槽取土,严禁掏洞取土。

(五)检验标准

土方路基质量检验应符合下列规定。首次,路基压实度应符合表 5-3 的规定。其次,检查数量:每 1000 m²、每压实层抽检 3 点。检验方法:环刀法、灌砂法或灌水法。

表5-3　路基压实度标准

填挖类型	路床顶面以下深度/cm	道路类别	压实度/%（重型击实）	检验频率		检验方法
				范围	点数	
挖方	0～30	城市快速路、主干路	≥95			
		次干路	≥93			
		支路及其他小路	≥90			
填方	0～80	城市快速路、主干路	≥95	1000 m²	每层 3点	环刀法、灌水法或灌砂法
		次干路	≥93			
		支路及其他小路	≥90			
	>80～150	城市快速路、主干路	≥93			
		次干路	≥90			
		支路及其他小路	≥90			
	>150	城市快速路、主干路	≥90			
		次干路	≥90			
		支路及其他小路	≥87			

弯沉值不应大于设计规定,检查数量:每车道、每 20 m 测 1 点。检验方法:弯沉仪检测。

路床应平整、坚实,无显著轮迹、翻浆、波浪、起皮等现象,路堤边坡应密实、稳定、平顺等。检查数量:全数检查。检验方法:观察。

挖石方路基(路堑)质量应符合下列要求:①上边坡必须稳定,严禁有松石、险石;②检查数量为全数检查;③检验方法为观察。

填石路堤质量应符合下列要求:第一,压实密度应符合试验路段确定的施工工艺,沉降差不应大于试验路段确定的沉降差,检查数量需每1000 m²,抽检3点,检验方法为水准仪测量;第二,路床顶面应嵌缝牢固,表面均匀、平整、稳定,无推移、浮石,检查数量需全数检查,检验方法为观察法;第三,边坡应稳定、平顺,无松石,检查数量需全数检查,检验方法为观察。

三、道路基层

(一)石灰稳定土类基层

1.原材料应符合下列规定

土宜采用塑性指数10~15的黏性土。土中的有机物含量宜小于10%。使用旧路的级配砾石、砂石或杂填土等应先进行试验。级配砾石、砂石等材料的最大粒径不宜超过分层厚度的60%,且不应大于10 cm。土中欲掺入碎砖等粒料时,粒料掺入含量应经试验确定。石灰宜用1~3级的新灰,石灰的技术指标应符合规定标准。水应符合国家现行标准《混凝土用水标准》(JGJ 63—2006)的规定。宜使用饮用水及不含油类等杂质的清洁中性水,pH宜为6~8。

石灰土配合比设计应符合下列规定:每种土应按5种石灰掺量进行试配,试配石灰用量宜按表5-4选取。确定混合料的最佳含水量和最大干密度,应做最小、中间和最大3个石灰剂量混合料的击实试验,其余两个石灰剂量混合料的最佳含水量和最大干密度用内插法确定。按规定的压实度,分别计算不同石灰剂量的试块应有的干密度。强度试验的平行试验最少试件数量,如试验结果的偏差系数大于表中规定值,应重做试验。如不能降低偏差系数,则应增加试件数量。试件应在规定温度下制作和养护,进行无侧限抗压强度试验,应符合国家现行标准《公路工程无机结合料稳定材料试验规程》(JTJ 057—1994)有关要求。石灰剂量应根据设计要求强度值选定。

表5-4 石灰土试配石灰用量

土壤类别	结构部位	石灰掺量/%				
		1	2	3	4	5
塑性指数≤12的黏性土	基层	10	12	13	14	16
	底基层	8	10	11	12	14
塑性指数>12的黏性土	基层	5	7	9	11	13
	底基层	5	7	8	9	11
砂砾土、碎石土	基层	3	4	5	6	7

在城镇人口密集区,应使用厂拌石灰土,不得使用路拌石灰土。

厂拌石灰土应符合下列规定:石灰土搅拌前,应先筛除集料中不符合要求的颗粒,使集料的级配和最大粒径符合要求;宜采用强制式搅拌机进行搅拌;配合比应准确,搅拌应均匀,含水量宜略大于最佳值,石灰土应过筛(20 mm方孔);应根据土和石灰的含水量变化、集料的颗粒组成变化,及时调整搅拌用水量;拌成的石灰土应及时运送到铺筑现场;运输中应采取防止水分蒸发和防扬尘措施。

采用人工搅拌石灰土应符合下列规定:所用土应预先打碎,过筛(20 mm方孔),集中堆放,集中拌合;应按需要量将土和石灰按配合比要求,进行掺配;掺配时土应保持适宜的含水量,掺配后过筛(20 mm方孔),至颜色均匀一致为止;作业人员应佩戴劳动保护用品,现场应采取防扬尘措施。

碾压应符合下列规定:铺好的石灰土应当天碾压成活。碾压时的含水量宜在最佳含水量的允许偏差范围内。直线和不设超高的平曲线段,应由两侧向中心碾压。设超高的平曲线段,应由内侧向外侧碾压。初压时,碾速宜为20~30 m/min,灰土初步稳定后,碾速宜为30~40 m/min;人工摊铺时,宜先用6~8 t压路机碾压,灰土初步稳定,找补整形后,方可用重型压路机碾压。当采用碎石嵌丁封层时,嵌丁石料应在石灰土底层压实度达到85%时撒铺,然后继续碾压,使其嵌入底层,并保持表面有棱角外露。

纵、横接缝均应设直槎。接缝应符合下列规定:纵向接缝宜设在路中线处,接缝应做成阶梯形,梯级宽不应小于1/2层厚;横向接缝应尽量减少。

石灰土养护应符合下列规定:石灰土成活后应立即洒水(或覆盖)养护,保持湿润,直至上层结构施工为止;石灰土碾压成活后可采取喷洒沥青透层油养护,并宜在其含水量为10%左右时进行;石灰土养护期应封闭交通。

(二)石灰、粉煤灰稳定砂砾基层

粉煤灰应符合下列规定:①粉煤灰中的 SiO_2、Al_2O_3 和 Fe_2O_3 总量宜大于70%;在温度为700 ℃时的烧失量宜小于或等于10%;②当烧失量大于10%时,应经试验确认混合料强度符合要求时,方可采用;③细度应满足90%通过0.3 mm筛孔,70%通过0.075 mm筛孔,比表面积宜大于2500 cm^2/g。

砂砾应经破碎、筛分,级配宜符合表5-5的规定,破碎砂砾中最大粒径不应大于37.5 mm。

表5-5　砂砾、碎石级配

筛孔尺寸/mm	通过质量百分比/%			
	级配砂砾		级配碎石	
	次干路及以下道路	城市快速路、主干路	次干路及以下道路	城市快速路、主干路
37.5	100	—	100	—
31.5	85～100	100	90～100	100
19.0	65～85	85～100	72～90	81～98
9.50	50～70	55～75	48～68	52～70
4.75	35～55	39～59	30～50	30～50
2.36	25～45	27～47	18～38	18～38
1.18	17～35	17～35	10～27	10～27
0.60	10～27	10～25	6～20	8～20
0.075	0～15	0～10	0～7	0～7

混合料应由搅拌厂集中拌制,宜采用强制式搅拌机拌制,并应符合下

列要求：①搅拌时应先将石灰、粉煤灰搅拌均匀，再加入砂砾（碎石）和水搅拌均匀，混合料含水量宜略大于最佳含水量；②拌制石灰粉煤灰砂砾均应做延迟时间试验，以确定混合料在贮存场存放时间及现场完成作业时间；③混合料含水量应视气候条件适当调整。

搅拌厂应向现场提供产品合格证及石灰活性氧化物含量、粒料级配、混合料配合比及R7强度标准值的资料。运送混合料应覆盖，防止遗撒、扬尘。

养护应符合下列规定：混合料基层，应在潮湿状态下养护。养护期视季节而定，常温下不宜少于7 d；采用洒水养护时，应及时洒水，保持混合料湿润；采用喷洒沥青乳液养护时，应及时在乳液面撒嵌丁料；养护期间宜封闭交通。需通行的机动车辆应限速，严禁履带车辆通行。

（三）水泥稳定土类基层

水泥应符合下列要求：第一，应选用初凝时间大于3h、终凝时间不小于6h的42.5级普通硅酸盐水泥，32.5级矿渣硅酸盐和火山灰硅酸盐水泥。水泥应有出厂合格证与生产日期，复验合格方可使用；第二，水泥贮存期超过3个月或受潮，应进行性能试验，合格后方可使用。

土应符合下列要求：①土的均匀系数不应小于5，宜大于10，塑性指数宜为10～17；②土中小于0.6 mm颗粒的含量应小于30%；③宜选用粗粒土、中粒土。

粒料应符合下列要求：①级配碎石、砂砾、未筛分碎石、碎石土、砾石和煤矸石、粒状矿渣等材料均可做粒料原材；②当作基层时，粒料最大粒径不宜超过37.5 mm；③当作底基层时，粒料最大粒径，对城市快速路、主干路不应超过37.5 mm，对次干路及以下道路不应超过53 mm；④各种粒料，应按其自然级配状况，经人工调整使其符合相关规定；⑤碎石、砾石、煤矸石等的压碎值，对城市快速路、主干路基层与底基层不应大于30%，对其他道路基层不应大于30%，对底基层不应大于35%；⑥集料中有机质含量不应超过2%，硫酸盐含量不应超过0.25%。

水泥稳定土类材料的配合比设计步骤，应按有关规定标准进行，且应符合下列规定：试配时水泥掺量宜按标准选取，当采用厂拌法生产时，水泥掺量应比试验剂量增加0.5%,水泥最小掺量对粗粒土、中粒土应为3%,对细粒土应为4%。水泥稳定土类材料7d抗压强度:对城市快速路、主干路基层为3~4 MPa,对底基层为1.5~2.5 MPa;对其他等级道路基层为2.5~3 MPa,底基层为1.5~2.0 MPa。

城镇道路中使用水泥稳定土类材料,宜采用搅拌厂集中拌制。

集中搅拌水泥稳定土类材料应符合下列规定:集料应过筛,级配应符合设计要求;混合料配合比应符合要求,计量准确,含水量应符合施工要求,并搅拌均匀;搅拌厂应向现场提供产品合格证及水泥用量、粒料级配、混合料配合比、R7强度标准值。水泥稳定土类材料运输时,应采取措施防止水分损失。

摊铺应符合下列规定:施工前应通过试验确定压实系数;水泥土的压实系数宜为1.53~1.58;水泥稳定砂砾的压实系数宜为1.30~1.35;宜采用专用摊铺机械摊铺;水泥稳定土类材料自搅拌至摊铺完成,不应超过3 h;应按当班施工长度计算用料量;分层摊铺时,应在下层养护7d后,方可摊铺上层材料。

碾压应符合下列规定:应在含水量等于或略大于最佳含水量时进行;宜采用12~18 t压路机作初步稳定碾压,混合料初步稳定后用大于18 t的压路机碾压,压至表面平整、无明显轮迹,且达到要求的压实度;水泥稳定土类材料,宜在水泥初凝前碾压成活;当使用振动压路机时,应符合环境保护和周围建筑物及地下管线、构筑物的安全要求。

养护应符合下列规定:基层宜采用洒水养护,保持湿润。采用乳化沥青养护,应在其上撒布适量石屑;养护期间应封闭交通;常温下成活后应经7 d养护,方可在其上铺筑面层。

(四)级配砂砾及级配砾石基层

级配砂砾及级配砾石可作为城市次干路及其以下道路基层。级配砂砾及级配砾石应符合下列要求:天然砂砾应质地坚硬,含泥量不应大于砂质量(粒径小于5 mm)的10%,砾石颗粒中细长及扁平颗粒的含量不应超过20%。级配砾石做次干路及其以下道路底基层时,级配中最大粒径宜小于53 mm,做基层时最大粒径不应大于37.5 mm,级配砂砾及级配砾石的颗粒范围和技术指标应符合相关规定标准。

摊铺应符合下列规定:压实系数应通过试验段确定,每层摊铺虚厚不宜超过30 cm;砂砾应摊铺均匀一致,发生粗、细骨料集中或离析现象时,应及时翻拌均匀;摊铺长度至少为一个碾压段30~50 m。

碾压成活应符合下列规定:碾压前应洒水,洒水量应使全部砂砾湿润,且不导致其层下翻浆;碾压过程中应保持砂砾湿润;碾压时应自路边向路中倒轴碾压;采用12 t以上压路机进行,初始碾速宜为25~30 m/min,砂砾初步稳定后,碾速宜控制在30~40 m/min;碾压至轮迹不应大于5 mm,砂石表面应平整、坚实,无松散和粗、细集料集中等现象;上层铺筑前,不得开放交通。

(五)检验标准

石灰稳定土,石灰、粉煤灰稳定砂砾(碎石)质量检验应符合下列规定:第一,基层、底基层的压实度应符合的要求为城市快速路、主干路基层大于或等于97%,底基层大于或等于95%;其他等级道路基层大于或等于95%,底基层大于或等于93%。检查数量中每1000 ㎡,每压实层抽检1点。检验方法主要有环刀法、灌砂法或灌水法。第二,基层、底基层件试作7 d无侧限抗压强度,应符合设计要求,检查数量(每2000 ㎡抽检1组),检查方法主要为现场取样试验。第三,表面应平整、坚实、无粗细骨料集中现象,无明显轮迹、推移、裂缝,接槎平顺,无贴皮、散料。

水泥稳定土类基层及底基层质量检验应符合下列规定:第一,基层、底基层的压实度应符合的要求为城市快速路、主干路基层大于或等于95%;底基层大于或等于95%。其他等级道路基层大于或等于95%;底基层大于或等于93%。检查数量中每1000 ㎡,每压实层抽查1点。检查方法主要为灌砂法或灌水法。第二,基层、底基层7d的无侧限抗压强度应符合设计要求,检查数量(每2000 ㎡抽检1组),检查方法主要为现场取样试验。第三,表面应平整、坚实、接缝平顺,无明显粗、细骨料集中现象,无推移、裂缝、贴皮、松散、浮料。

级配砂砾及级配砾石基层及底基层质量检验应符合下列规定:第一,集料质量及级配的要求主要有检查数量需按砂石材料的进场批次,每批抽检1次,检验方法以查检验报告为主。第二,基层压实度大于或等于97%,底基层压实度大于或等于95%。检查数量需每压实层,每1000 m² 抽检1点,检验方法以灌砂法或灌水法为主。第三,弯沉值,不应大于设计规定,检查数量需设计规定时每车道、每20 m,测1点。检验方法以弯沉仪检测为主。第四,表面应平整、坚实,无松散和粗、细集料集中现象,检查数量需全数检查,检验方法主要为观察法。

级配碎石及级配碎砾石基层和底基层施工质量检验应符合下列规定:第一,碎石与嵌缝料质量及级配应符合有关规定标准,检查数量需按不同材料进场批次,每批次抽检不应少于1次,检验方法以查检验报告为主。第二,级配碎石压实度,基层不得小于97%,底基层不应小于95%,检查数量需每1000 m²抽检1点,检验方法主要为灌砂法或灌水法。第三,弯沉值,不应大于设计规定,检查数量需设计规定时每车道、每20 m,测1点,检验方法以弯沉仪检测为主。第四,外观质量,表面应平整、坚实,无推移、松散、浮石现象,检查数量需全数检查,检验方法以观察为主。

第二节 市政桥梁工程施工技术管理

一、桥梁基础施工技术

(一)明挖扩大基础施工技术

1.基础定位放样

在基坑开挖前,先进行基础的定位放样工作,以便将设计图上的基础位置准确地设置到桥址上。放样工作系根据桥梁中心线与墩台的纵横轴线,推出基础边线的定位点,再放线画出基坑的开挖范围。基坑各定位点的高程及开挖过程中高程检查,一般用水准测量的方法进行。

2.基坑开挖

基坑开挖的主要工作有挖掘、出土、支护、排水、防水、清底以及回填等。施工时,应根据地质条件、水文条件、基坑开挖深度、开挖所采用的方法和机具等,采用不同的开挖工艺。

基坑在开挖前通常需完成下列准备工作:施工场地的清理,地面水的排除,临时道路的修筑,供电与供水管线的敷设,临时设施的搭建,基坑的放线等工作。场地清理包括拆除房屋、古墓,拆迁或改建通信设备、电力设备、上下水道以及其他建筑物、迁移树木等工作。场地内低洼地区的积水必须排除,同时应注意雨水的排除,使场地保持干燥,以便基坑开挖。

地面水的排除一般采用排水沟、截水沟、挡水土坝等措施。应尽量利用自然地形来设置排水沟,使水直接排至基坑外,或流向低洼处,再用水泵抽走。主排水沟最好设置在施工区域的边缘或道路的两旁,其横断面和纵向坡度应根据最大流量确定。一般排水沟的横断面不小于0.5 m×0.5 m,纵向坡度一般不小于3‰。平坦地区,如出水困难,其纵向坡度不应小于2‰,沼泽地区可降至1‰。在基坑开挖过程中,要注意排水沟保持畅通,必要时应设置涵洞。

3.基坑排水

(1)集水坑排水法

除严重流沙外,一般情况下均可采用。基坑坑底一般多位于地下水位以下,而地下水会经常渗进坑内,因此必须设法将坑内的水排除,以便于施工。集水坑(沟)的大小,主要根据渗水量的大小而定,排水沟底宽不小于0.3 m,纵坡为1%~5%。如排水时间较长或土质较差时,沟壁可用木板支撑。

(2)其他排水法

对于土质渗透较大、挖掘较深的基坑可采用板桩法或沉井法。此外,视现场条件、工程特点及工期等因素,还可采用帷幕法,即将基坑周围土用硅化法、水泥灌浆法、沥青灌浆法以及冻结法等处理成封闭的不透水的帷幕。这种方法除自然冻结法外,其余均因设备多、费用大,在桥涵基础施工时较少采用。

4.基底处理

基坑已挖至基底设计高程,或已按设计要求加固、处理完毕后,须经过基底检验,方可进行基础结构施工。

基坑施工是否符合设计要求,在基础浇筑前应按规定进行检验。其目的在于:确定地基的容许承载力的大小、基坑位置与高程是否与设计文件相符,以确保基础的强度和稳定性,不致发生滑移等病害。基底检验的主要内容包括:检查基底平面位置、尺寸大小,基底高程;检查基底土质均匀性,地基稳定性及承载力等;检查基底处理和排水情况;检查施工日志及有关试验资料等。

为使基底检验及时,以免因等候检验、基底暴露时间过久而风化变质,施工负责人应提前通知检验人员,安排检验。

(二)钻孔灌注桩基础施工技术

1.场地准备

钻孔前要进行准备工作,其内容包括:①场地为旱地时,应除杂物,换除软土,整平夯实;②场地为陡坡时,可用枕木、型钢等搭设工作平台;③场地为浅水时,宜采用筑岛施工,筑岛面积应根据钻孔方法、设备大小等要求确定;④场地为深水或淤泥较厚时,可搭设工作平台,平台必须牢固稳定,能承受工作时所有静、动荷载,并考虑施工机械能安全进出。

2.设备准备

根据地质资料,确定科学合理的钻孔方法和钻孔设备,架设好电力线路,配备适合的变压器。若用柴油机提供动力,则应购置与设备动力相匹配的柴油机和充足的燃油。混凝土拌和机、电焊机、钢筋切割机,以及水泥、砂石材料均要在钻孔开始前准备妥当。

3.埋设护筒

可以采用钢护筒,也可以采用现场预制的钢筋混凝土护筒,在放样好的桩位处,开挖一个圆形基坑将护筒埋入。护筒应坚实、不漏水,护筒内径应比桩径大20~30 cm。采用反循环钻时应使护筒顶高程高出地下水位2.0 m;采用正循环钻时应高出地下水位1.0~1.5 m;处于旱地时,护筒在满足上述条件的基础上还应高出地面0.3 m。

4.泥浆制备

钻孔泥浆由水、黏土(膨润土)和添加剂组成。具有浮悬钻渣、冷却钻头、润滑钻具、增大静水压力,并有在孔壁形成泥膜、隔断孔内外渗流、防止坍孔的作用。调制的钻孔泥浆及经过循环净化的泥浆,应根据钻孔方法和地层情况采用不同的性能指标。泥浆稠度应视地层变化或操作要求,灵活掌握。泥浆太稀,排渣能力小,护壁效果差;泥浆太稠,会削弱钻头冲击功能,降低钻进速度。

通常采用塑性指数大于25、粒径小于0.002 mm、颗粒含量大于500%的黏土,通过泥浆搅料机或人工调合,储存在泥浆池内,再用泥浆泵输入钻孔内。泥浆泵应有足够的流量,以免影响钻进速度。大直径深孔采用正循环旋转法施工时,泥浆泵应经过流量和泵压计算来选择。对孔深百米以内的钻孔,一般可采用不小于2 MPa的泵压。

5.施工方法

(1)基础施工

钻孔就位前,应对钻孔的各项准备工作进行检查,包括场地与钻机坐落处的平整和加固,主要机具的检查与安装。必须及时填写施工记录表,交接班时应交代钻进情况及下一班应注意事项。钻机底座和顶端要平稳,在钻进和运行中不应产生位移和沉陷。回转钻机顶部的起吊滑轮缘、转盘中心和桩位中心三者应在同一铅垂线上,偏差不超过2 cm。钻孔作业应分班连续进行,经常对钻孔泥浆性能指标进行检验,不符合要求时要及时改正。

(2)钻孔

一般采用螺旋钻头或冲击锥等成孔,或用旋转机具辅以高压水冲成孔。根据井孔中土(钻渣)的取出方法不同,常用的方法是:螺旋钻孔、正循环回转钻孔、反循环回转钻孔、潜水钻机钻孔、冲抓钻孔、冲击钻孔、旋挖钻机钻孔。

(3)孔径检查与清孔

钻孔的直径、深度和孔形直接关系到成桩质量,是钻孔桩成败的关键。为此,除了钻孔过程中严谨操作、密切观测监督外,在钻孔达到设计要求深度后,应采用适当器具对孔深、孔径、孔形等认真检查,符合设计要求后,填写终孔检查表。

清孔的方法有抽浆法、换浆法、掏渣法、喷射清孔法以及用砂浆置换钻渣清孔法等,应根据设计要求、钻孔方法、机具设备和土质条件决定。其中抽浆法清孔较为彻底,适用于各种钻孔方法的灌注桩。对孔壁易坍塌的钻孔,清孔时操作要细心,防止坍孔。

(三)沉井施工技术

1.施工方法

沉井法施工就是在墩台位置上,按照基础的外形尺寸,用钢筋混凝土或混凝土预先制成一段井筒,然后在井筒内挖土,随着挖土,井筒借助于自重逐渐下沉,沉完一段,接筑一段,一直下沉到设计高程为止。

若为陆地基础,它在地表建造,由取土井排土以减少刃脚土的阻力,一般借自重下沉;若为水中基础,可用筑岛法,或浮运法建造。筑岛法施工的作业在下沉过程中,如侧摩阻力过大,可采用高压射水法、泥浆套法或空气幕等加速下沉。

2.排除障碍

施工过程中遇孤石,可采取潜水员水下排除、爆破等方法。在水下爆破时,每次总药量不应超过 0.2 kg 炸药当量。井内无水时,通过计算后,可适当加大药量。施工过程中遇铁件,可采取水下切割排除。施工前已经查明在沉井通过的地层中央有胶结硬层,可采取钻孔投放炸药爆破的办法预先破碎硬层。

二、桥梁上部结构施工技术

桥梁的上部结构是桥梁的主体,且包含的施工工序较多,施工技术也因此呈现出多样化的特点,做好桥梁的上部结构施工不仅能够确保桥梁使用效能的充分发挥,也直接影响着桥梁的美观性和安全性,是桥梁工程中的重要环节。

(一)桥梁上部结构施工的方法分类

一般来说,桥梁上部结构的施工可以分为现场浇筑和预制安装两类,现场浇筑的方法有很多,基本方法就是在桥梁某处搭建支架,并在此基础上浇筑混凝土。它既不需要大型的吊车和运输设备,也不需要预制的场地,只需在混凝土材料的强度达到设计要求后拆掉支架和模板即可。这样一来,梁体的主筋就具有了连续性,进而提升整座桥梁的性能。但是该方法的施工周期较长,施工质量控制工作也难以开展;由于混凝土的收缩和徐变而引起的应力损失也比较大;施工过程中对于模板和支架的消耗量较高,进一步增加了工程成本;所搭建的支架具有一定的危险性,如果施工期间遭遇洪水或较大漂浮物的冲击,就容易发生危险。

预制安装法主要就是先在预制工厂或者交通运输便利的地方建设预制场并进行梁的预制工作,然后再根据工程所在地的实际情况选择合理的架设方法进行安装。预制安装法施工大多应用于预应力混凝土或钢筋混凝土简支梁的建设和施工中,主要分预制运输安装三步进行。预制安装施工法的优点主要集中在五方面:①由于是工厂化生产,因此构件的质量较好,各项参数也更符合设计要求的精度;②实现了上下部结构的平行作业,最大限度地缩短了施工工期;③减少了对人力的使用,在一定程度上降低了工程造价;④施工速度较快,适合于那些工期较紧的工程;⑤构件的预制结束后往往要存放一定时间,在正式安装的时候已经存在了一定的龄期,因此可以有效减少混凝土的收缩徐变所带来的变形。

(二)具体施工方法

1.就地浇筑法

就地浇筑法就是先在桥位处搭设支架,然后在支架上进行桥体混凝土的搭建工作,待混凝土强度达到施工要求后再将模板和支架拆除,浇筑工作结束。该方法的主要优点就是不需要建设预制场地,也不需要调动大型的起吊和运输设备,施工过程中梁体的主筋可保持连续性,进而提高桥梁的整体稳定性。主要缺点就是对施工质量的控制非常困难;消耗时间长,不适合那些工期较紧的工程;预应力混凝土梁的应力损失也比较大;施工过程中会使用大量的模板,增加工程造价;所搭建的支架不仅容易受到洪水和大型漂浮物的冲击,还会对排洪和通航造成不利影响。

2.悬臂施工法

悬臂施工法的施工是从桥墩部位开始的,分为悬臂浇筑施工和悬臂拼装施工两种类型,前者主要是在桥墩两侧现浇梁段,后者主要是对预制阶段进行安装,在有些情况下,这两种方法也会同时使用。

悬臂施工法的主要特点就是桥梁结构在施工过程中会产生负弯矩,而桥墩则必须要承受这部分弯矩,所以该方法适用于那些施工和营运条件下的受力状态均比较接近的桥梁的建设当中,如斜拉桥变截面连续梁桥预应力混凝土 T 型刚构桥等。如果要在非桥墩固接的预应力混凝土桥中采用悬臂法进行施工,则应采取适当措施令桥墩梁部临时固结,因此在施工过程中存在着结构体系转换的情况。同时,悬臂法对于机具的使用较为频繁,仅挂蓝就有斜拉式、桁架式等多种类型,在施工过程中应根据现场具体情况进行合理选择。

悬臂法的优点就是成品的整体性比较好,在施工中也可以不断调整位置,且施工速度快,桥梁的上下部分可平行作业,大多被用于跨径超过 100 m 的桥梁建设中。缺点是对施工精度的要求比较高,施工过程需要进行严格的管理和控制。

3.转体施工法

转体施工法就是先在距离桥位较近的预制场进行桥梁构件的预制,待混凝土强度达到设计标准后再将其安装到位的施工方法。由于构件的支座位置就是施工过程中的旋转轴,因此其静力组合是不会发生改变的。转体施工主要分为平转、竖转和两者相结合施工三种类型。

转体施工法的主要特点:①施工不会对作业面下方的交通造成影响,因此可以跨越通车线路进行桥梁施工;②构件的预制非常方便,对地形的适应性也较高;③施工所需的设备和装置较少,施工过程易于掌握和控制;④工期较短,施工安全性较高。

4.顶推施工法

顶推施工法的预制场设置在桥梁纵轴方向的后方,对构件进行分节段预制,并采用纵向预应力筋将预制阶段与已经完成施工的梁体连接在一起,待构件强度达到设计标准后用水平千斤顶将其推出预制场,然后再继续进行下一梁段的预制工作,如此循环直至工程结束。

顶推施工法的主要特点有三:第一,由于采用了分段预制连续作业的方法,因此主梁结构的整体性非常好。另外,由于避免了对大型起重设备的使用,因此预制节段的长度一般可达 10~20 m。第二,不需要太过复杂的设备就能完成大型桥梁的建设,且施工平稳噪声小,工程成本也比较低,不仅可以应用在高桥墩山谷深水桥梁的建设中,也可在坡桥或曲率相同的桥梁建设中使用。第三,由于桥梁各阶段均在同一预制场制作,因此使工程管理变得更加简单。相关模板和设备也可周转使用,降低了工程的建设成本。

顶推施工法的缺点主要表现在两方面:第一,由于必须在等截面梁上使用,因此当桥梁的跨径较大时,施工难度和材料用量均会大幅增加,因此只能在中等以下跨径的桥梁中应用;第二,梁在施工阶段和运营阶段的受力状态差别明显,因此在进行梁截面的设计和布索时必须兼顾施工和运营的不同要求,钢材的使用也由此大幅增加。

三、桥梁下部结构施工技术

(一)施工前的准备工作

对于桥梁下部工程的施工前准备工作首先要组好施工方案的制定,施工方案直接关系着后期施工是否能够顺利进行。在进行施工方案编制时要综合考虑各种因素,结合施工图纸,并对施工区域进行实地勘查,同时结合各类相关的标准和规范。在进行施工方案编制时还要确保施工工艺的先进性及可操作性,要实行有利于施工质量、进度和成本安全的控制管理。总之,施工方案是整个施工工程的纲领性文件,关系着整个工程的施工情况,一定要给予高度重视。

桥梁下部结构的施工前准备工作还包括在施工方案的基础上做好施工现场的规划布置。主要包括对于施工便道的修建,满足施工现场大型施工设备的通行。还有施工现场的用水用电,一般情况下,用水是通过蓄水池满足,而用电则是通过附近的电力系统。而测量放线工作,主要是对导线控制点及水准点和中线桩及水准点的复测,要保证精度和准确性。

(二)桥梁基础施工

桥梁的基础形式主要有扩大基础、沉井基础和桩基础。其中扩大基础主要是指在地基上直接设置基础底板,在地下水位较低或者持力层较浅的情况下应用较多。扩大基础主要是采用明挖的方式,在施工过程中要注重排水作业和基坑支护。沉井基础是指将沉井作为基础支撑结构,主要包括井筒、井壁等。其承载能力和抗震能力较好。沉井基础在施工过程中要注意沉井的下沉、基底清理及封底。桩基础是最为常用的一种桥梁基础形式,种类也非常多,可以按照材料、制作方法以及施工方法的不同进行分类,而最为常用的为钻孔灌注桩。钻孔灌注桩具有技术成熟、挤土效应小、机械设备简单等优点。

钻孔滩注桩的施工包括成孔清孔、钢筋骨架制作及安装、浇筑水泥混凝土三个部分。其中成孔、清孔工作中成孔主要是通过钻机来实现,钻机的安装应该保证吊点、转盘中心以及桩位中心的竖直,在钻孔作业中要控制钻进速度,保证钻孔深度、孔径和钻孔倾斜度满足设计要求。

钻孔完成后要进行清孔工作,目前的清孔方法主要有抽浆法、掏渣法等,保证底部泥浆的沉降厚度满足指标要求。成孔、清孔工作完成后要进行钢筋骨架的制作及安放。钢筋骨架可以在加工厂或者桥梁施工现场进行制作加工,在运输和堆放的过程中主要做好保护措施,防止变形。在进行钢筋安放时采用整笼吊装的方法。保证吊放位置达到设计标高。

最后一步是对水泥混凝土的浇筑,在进行水泥混凝土浇筑前要先将导管安装到位,在进行导管安装时要对导管的水密性、承压能力以及接头的抗拉能力进行测试,在安装时要保证在钻孔底部预留一定位置,并在安装完成后对钻孔进行清洗,再进行水泥混凝土的浇筑,在浇筑时要计算好需求量,并保证连续性。

(三)桥墩施工技术

桥墩结构主要有钢筋混凝土薄壁墩台和柱式桥墩,其中钢筋混凝土薄壁墩台主要是指在墩台下设置支撑梁,主要用于填土较低或者河床较窄的地方。而柱式桥墩施工简单,是应用最为广泛的一种桥墩结构,其中又分为盖梁和不盖梁两种。

柱式桥墩施工主要包括桥墩柱钢筋骨架制作及安装、模板安装以及混凝土浇筑。其中钢筋骨架在制作过程中主钢筋应该采取搭接焊接的方式,并通过汽车吊装的方式进行安装。模板安装前要确保模板的平整度、挠度及连接配件的孔眼等符合设计要求;在模板安装时,要保证模板缝的连接紧密,并使用砂浆将模板与桩面之间进行填封。

模板安装之后要进行混凝土的浇筑,用于浇筑的混凝土其塌落度等性能要符合设计要求,在浇筑过程中通过添加减水剂或酸气剂等可以提高混凝土的浇筑性能,并采用分层浇筑的方法。当混凝土的强度达到设计强度的85%时,就可进行模板拆除,用塑料薄膜进行覆盖即可。

(四)桥台施工技术

桥台施工包括桥台基坑开挖、钢筋骨架及模板的安装和混凝土浇筑三个部分。其中桥台基坑的开挖主要是通过先机械开挖后人工开挖的模式,在确定好基坑位置之后,采用机械挖掘至距离设计标高30 cm处时变为人工开挖,人工开挖可以保护地基土,避免造成地基土的扰动。

在基坑开挖完成后。要将基地进行整平及清除,在使用铺筑砂浆进行底模浇筑。在进行桥台钢筋安装时要注意接头截面积要小于总截面积的一半,特别要注意主钢筋的位置和尺寸应该满足设计要求。在进行模板安装时要注意尺寸和轴线的位置,并预留出合适的保护层厚度。在进行桥台混凝土施工时要注意浇筑时间最好在12～18 h内,不可浇筑时间过长,在浇筑过程中可以采取振捣的措施,保证混凝土的施工性能,浇筑结束后可采取覆膜保护的方式进行养生。

四、桥梁桥面施工技术

(一)桥面铺装施工

对桥梁桥面进行铺装的主要目的是为了保护桥面。桥面之上对桥梁安全使用时间影响最大的就是上部危害物质下沉的速度,随危害物质下沉速度起到关键性影响作用的首先是桥面所铺装的厚度,其次是铺装所运用的材料和中间接缝的大小,所以想尽量减少危害物质对桥体的侵蚀,首先要对桥面铺装的厚度和使用的建筑材料有一个规划,其次在施工工艺上,要尽量地减少裂缝的出现。

1.强度设计

30号混凝土一直是传统桥面铺设中使用的主要建筑材料,但是随着时代的发展和进步,目前使用最为广泛的是40号混凝土,主要将40号混凝土使用在桥梁的主体构造上,这样就出现了桥梁的主体结构和其他部位的泊松比和回弹量有着一定的差距,会造成其发生的形变量不同,在桥梁通车之后,其桥梁主体和其他部位的受力方式不一,影响桥梁的使用寿命。

2.厚度设计

8～10 cm是当下在市政桥梁施工中最常见的桥面厚度要求,也是最基本的厚度要求。但是为了延长桥梁的寿命,在承载运输的时候减少出现维修的次数,在施工时往往需要设定一个高于8～10 cm的最低执行标准,其主要原因是桥梁上每天都要经过很多车辆,这些车辆的速度很快而且运载量往往也很大,需要桥面可以承受很大的压力。设计桥梁的桥面厚度时,不能仅仅是为了满足要求,更要对实际情况有具体的估量,要针对不同的负载情况和不同的桥型做具体的分析。

3.配筋设计

在桥面的铺装工作中,还有一种重要的建筑材料就是钢筋。钢筋在桥面的铺设过程中,要铺设成一道铺满桥面的钢筋网。为了这道钢筋网可以有最好的延展性,钢筋的间距最好控制在10 cm左右。

4.其他掺料的运用

在铺设桥梁桥面的过程中,一定要合理地运用其他掺料,其他掺料的合理运用可以在很多方面降低桥面出现质量问题的可能性。使用了掺料铺设出来的桥面比没有使用掺料铺设出来的桥面出现裂痕和收缩不匀的情况比较少。

(二)桥面排水施工

1.桥面防水层施工注意事项

桥面防水层施工注意事项有:①防水层材料应经过检查,在符合规定标准后方可使用;②防水层通过伸缩缝或沉降缝时,应按设计规定铺设;③防水层应横桥向闭合铺设,底层表面应平顺、干燥、干净,不宜在雨天或低温下铺设;④水泥混凝土桥面铺装层当采用油毡或织物与沥青黏合的防水层时,应设置隔断缝。

2.泄水管施工注意事项

桥下有道路、铁路、航道等不宜直接排水的情况下,可将泄水管通过纵向及竖向排水管道直接引向地面,或按设计文件要求办理。要求管道要有良好的固定装置,如锚锭轨及抱箍等预埋件。

第三节　市政给水管道工程施工技术管理

一、沟槽开挖与回填

(一)沟槽开挖

沟槽开挖至设计高程后宜采用盲沟排水,当盲沟排水不能满足排水量要求时,宜在排水沟内埋设管径为150～200 mm的排水管,排水管接口处应留缝,排水管两侧和上部宜采用卵石或碎石回填。井壁管长度的允许偏差应为±100 mm,井点管安装高程的允许偏差应为±100 mm。

当地质条件良好、土质均匀,地下水位低于沟槽底面高程,且开挖深度在5 m以内、边坡不加支撑时,沟槽中心线每侧的净宽不应小于管道沟槽底部开挖宽度的一半。

(二)沟槽回填

回填土时,应符合下列规定:第一,槽底至管顶以上50 cm范围内,不得含有机物、冻土以及大于50 mm的砖、石等硬块;在抹带接口处,防腐绝缘层或电缆周围,应采用细粒土回填。第二,冬期回填时管顶以上50 cm范围以外可均匀掺入冻土,其数量不得超过填土总体积的15%,且冻块尺寸不得超过100 mm。

管道沟槽位于路基范围内时,管顶以上25 cm范围内回填土表层的压实度不应小于87%。

二、预制管安装与铺设

接口工作坑应配合管道铺设及时开挖。

管道地基应符合下列规定:第一,采用天然地基时,地基不得受扰动;第二,槽底为岩石或坚硬地基时,应按设计规定施工,设计无规定时,管身下方应铺设砂垫层;第三,非永冻土地区,管道不得安放在冻结的地基上;管道安装过程中,应防止地基冻胀。

当冬期施工管口表面温度低于-3℃,进行石棉水泥及水泥砂浆接口施工时,应采取以下措施:第一,刷洗管口时宜采用盐水;第二,砂及水加热后拌和砂浆,其加热温度应符合相关规定标准;第三,有防冻要求的素水泥砂浆接口,应掺食盐。

管道保温层的施工应符合下列规定:第一,管道焊接、水压试验合格后进行;第二,法兰连接处应留有空隙,其长度为螺栓长加20～30 mm;第三,保温层与滑动支座、吊架、支架处应留出空隙;第四,硬质保温结构,应留伸缩缝;第五,保温层允许偏差应符合表5-6的规定;第六,保温层变形缝宽度允许偏差应为±5 mm。

表5-6　保温层允许偏差

项目	允许偏差	
厚度	瓦块制品	+5%
	柔性材料	+8%

三、顶管施工

(一)设备安装

导轨应选用钢质材料制作,其安装应符合下列规定:第一,两导轨应顺直、平行、等高,其纵坡应与管道设计坡度一致;第二,导轨安装的允许偏差应符合相关规定标准;第三,安装后的导轨应牢固,不得在使用中产生位移,并应经常检查校核。

顶铁的安装和使用符合下列规定:第一,安装后的顶铁轴线应与管道轴线平行、对称,顶铁与导轨和顶铁之间的接触面不得有泥土、油污。第二,要换顶铁时,应先使用长大的顶铁;与导轨和铁之间的接触面不得有泥土、油污。第三,顶铁的允许连接长度,应根据顶铁的截面尺寸确定。当采用截面为 20 cm×30 cm 顶铁时,单行顺向使用的长度不得大于 1.5 m;双行使用的长度不得大于 2.5 m,且应在中间加横向顶铁相连。第四,顶铁与管口之间采用缓冲材料衬垫,当顶力接近管节材料的允许抗压强度时,管端应增加 U 形或环形顶铁。第五,顶进时,工作人员不得在顶铁上方及侧面停留,并应随时观察顶铁有无异常迹象。

采用起重设备下管时应符合下列规定:第一,正式作业前应试吊,吊离地面 10 cm 左右时,检查重物捆扎情况和制动性能,确认安全后方可起吊;第二,下管时工作坑内严禁站人,当管节距导轨小于 50 cm 时,操作人员方可近前工作;第三,严禁超负荷吊装[①]。

(二)顶进

开始顶进前应检查下列内容,确认条件具备时方可开始顶进:第一,全部设备经过检查并经过试运转;第二,防止流动性土或地下水由洞口进入工作坑的措施;第三,开启封门的措施。

工具管开始顶进 5 ~ 10 m 的范围内,允许偏差应为:轴线位置 3 mm,高程 0 ~ 3 mm。当超过允许偏差时,应采取措施纠正。

在软土层中顶进混凝土管时,为防止关节漂移,可将前 3 ~ 5 节管与工具管联成一体。

采用手工掘进顶管法时,应符合下列规定:第一,工具管接触或切入土层后,应自上而下分层开挖;工具管迎面的超挖量应根据土质条件确定。第二,在允许超挖的稳定土层中正常顶进时,管下部 135° 范围内的超挖;管顶以上超挖量不得大于 1.5 cm;管前超挖应根据具体情况确定,并制订安全保护措施。第三,在对顶施工中,当两管端接近时,可在两端中心先掏小洞,同时调整偏差量。

采用网格式水冲法顶管时,应符合下列规定:第一,网格应全部切入土层后方可冲碎土块;第二,进水应采用清水;第三,在地下水位以下的粉砂层中的进水压力宜为 0.4 ~ 0.6 MPa,在黏性土层中,进水压力宜为 0.7 ~ 0.9

---

①郭黎明,韩明举.谈市政工程施工技术及其现场施工管理措施[J].建筑工程技术与设计,2018(21):21.

MPa;第四,工具管内的泥浆应通过筛网排出管外。

采用钢筋混凝土管时,其接口处理应符合下列规定:第一,管节未进入土层前,接口外侧应垫麻丝、油毡或木垫板,管口内侧应留有10~20 mm的空隙;顶紧后两管间的孔隙宜为10~15 mm。第二,管节入土后,管节相邻接口处安装内胀圈时,应使管节接口位于内胀圈的中部,并将内胀圈与管道之间的缝隙用木楔塞紧。

管道顶进过程中,工具管的中心和高程测量应符合下列规定:第一,采用手工掘进时,工具管进入土层过程中,每顶进30 cm,测量不应少于一次;管道进入土层后正常顶进时,每顶进100 cm,测量不应少于一次,纠偏时应增加测量次数。第二,全段顶完后,应在每个管节接口处测量其轴线位置和高程;有错口时,应测出相对高差。第三,测量记录应完整、清晰。

顶进管道的施工质量应符合下列规定:第一,管内清洁,管节无破损;第二,有严密性要求管道应按规定进行检验;第三,钢筋混凝土管道的接口应填料饱满、密实,且与管节接口内侧表面齐平,接口套环对正管缝,贴紧,不脱落;第四,顶管时地面沉降或隆起的允许量应符合施工设计的规定。

四、触变泥浆及注浆

触变泥浆的压浆泵,宜采用活塞泵或螺杆泵。管路接头宜选用拆卸方便、密封可靠的活接头。

注浆孔的布置宜符合下列规定:第一,注浆孔的布置宜按管道直径的大小确定,每个断面可设置3~5个,并具备排气功能;第二,相邻断面上的注浆孔可平行布置或交错布置。

触变泥浆的灌注应符合下列规定:第一,搅拌均匀的泥浆应静置一定时间后方可灌注;第二,注浆前,应通过注水检查注浆设备,确认设备正常后方可灌注;第三,注浆压力可按不大于0.1 MPa开始加压,在注浆过程中的注浆流量、压力等施工参数,应按减阻及控制地面变形的量测资料调整;第四,每个注浆孔宜安装阀门,注浆遇有机械故障、管路堵塞、接头渗漏等情况时,经处理后方可继续顶进。

触变泥浆的置换应符合下列规定:第一,可采用水泥砂浆或粉煤灰水泥砂浆置换触变泥浆;第二,拆除注浆管路后,应将管道上的注浆孔封闭严密;第三,注浆及置换触变泥浆后,应将全部注浆设备清洗干净。

五、盾构施工

盾构施工中,应对沿线地面、主要建筑物和设施设置观测点,发现问题及时处理,盾构工作室宜设在管道上检查井的位置。

盾构工作室的尺寸应符合下列规定:第一,宽度及长度应能满足盾构安装和拆卸、洞门拆除、后背墙设置、施工车架或临时平台、测量及垂直运输等要求;第二,深度应满足盾构基座安装、洞口防水处理、工作室与管道连接及处理等要求,距洞底的最小处应大于60 cm;第三,周壁顶部应高出地面20～50 cm,并应设置安全护栏,底板应设集水坑。

盾构制作应符合设计、加工和工艺精度的要求,并应进行质量检验及试运转。盾构推进前,应对推进、拼装、运土、压浆、运输、供电、照明、通风、消防、通信及监控等系统进行检查。

盾构推进时,应符合下列规定:①确保前方土体的稳定,在软土地层,应根据盾构类型采取不同的正面支护方法;②盾构推进轴线应按设计要求控制质量,推进中每环测量一次;③纠偏时应在推进中逐步进行;④推进千斤顶的编组应根据地层情况、设计轴线、埋深、胸板开孔等因素确定;⑤推进速度应根据地质、埋深、地面的建筑设施及地面的隆沉值等情况,调整盾构的施工参数;⑥盾构推进中,遇有停止推进且间歇时间较长时,应做好正面封闭、盾尾密封并及时处理;⑦在拼装管片或盾构推进停歇时,应采取防止盾构后退的措施;⑧当推进中盾构旋转时,应采取纠正的措施。

管片安装应符合下列规定:①管片下井前应编组编号,进行防水处理,管片与连接件等应由专人检查,配套送至工作面;②千斤顶顶出长度应大于管片宽度20 cm;③拼装前应清理盾尾底部,并检查举重设备运转是否正常;④拼装每环中的第一块时,应准确定位,拼装次序应自下而上,左右交叉对称安装,最后封顶成环;⑤拼装时应逐块初拧环向和纵向螺栓,成环后环面平整时,复紧环向螺栓,继续推进时,复紧纵向螺栓;⑥拼装成环后应进行质量检测,并记录填写报表。

六、倒虹管施工

倒虹管的施工场地布置、土石方堆弃及排泥等,不得影响航运、航道及水利灌溉。施工中,对危及堤岸和建筑物应采取保护措施。倒虹管施工前,应对施工范围内的河道地形进行校测。设置在河道两岸的管道中线控制桩及临时水准点,每侧不应少于两个,应设在稳固地段和便于观测的位置,并采取保护措施。沟槽土基超挖时,应采用砂或砾石填补。施工中,对危及堤岸和建筑物应采取保护措施。倒虹管竣工后,应进行水压试验。给水倒虹管应进行冲洗消毒。穿越通航河道的倒虹管竣工后,应按国家航运部门有关规定设置浮标或在两岸设置标志牌,标明水下管线的位置。

七、附属构筑物

(一)检查井及雨水口

给水管道的井室安装闸阀时,井底距承口或法兰盘的下缘不得小于100 mm,井壁与承口或法兰盘外缘的距离,当管径小于或等于400 mm时,不应小于250 mm;当管径大于或等于500 mm时,不应小于350 mm。

砌筑圆形检查井时,应随时检测直径尺寸,当四面收口时,每层收进不应大于30 mm;当偏心收口时,每层收进不应大于50 mm。

检查井及雨水口的周围回填前应符合下列规定:①井壁的勾缝、抹面和防渗层应符合质量要求;②井壁同管道连接处应采用水泥砂浆填实;③闸阀的启闭杆中心应与井口对中。

雨水口施工质量应符合下列规定:①位置应符合设计要求,不得歪扭;②井圈与井墙吻合,允许偏差应为±10 mm;③井圈与道路边线相邻边的距离应相等,其允许偏差应为10 mm;④雨水支管的管口应与井墙平齐。

雨水口与检查井的连管应直顺、无错口;坡度应符合设计规定,雨水口底座及连管应设在坚实土质上。

(二)进出水口构筑物

进出水口构筑物宜在枯水期施工;进出水口构筑物的基础应建在原

状土上,当地基松软或被扰动时,应按设计要求处理;进出水口的泄水孔应畅通,不得倒坡;翼墙变形缝应位置准确、安设直顺、上下贯通,其宽度允许偏差应为0~5 mm。

翼墙背后填土应满足下列要求:第一,在混凝土或砌筑砂浆达到设计抗压强度标准值后,方可进行;第二,填土石墙后不得有积水;第三,墙后反滤层与填土应同时进行,反滤层铺筑断面不得小于设计规定;第四,填土应分层压实,其压实度不得小于95%。

管道出水防潮闸门井的混凝土浇筑前,应将防潮闸门框架的预埋件固定,预埋件中心位置允许偏差应为3 mm。护坦干砌石,嵌缝应严密,不得松动;浆砌石,灰缝砂浆应饱满,缝宽均匀,无裂缝,无起鼓,表面平整。护坡砌筑的施工顺序应自下而上,石块间相互交错,使砌体缝隙严密,砌块稳定,坡面平整,并不得有通缝。干砌护坡应使砌体边沿封砌整齐、坚固。

(三)支墩

管道及管道附件的支墩和锚定结构应位置准确,锚定应牢固;支墩应在坚固的地基上修筑。当无原状土做后背墙时,应采取措施保证支墩在受力情况下,不致破坏管道接口。当采用砌筑支墩时,原状土与支墩间应采用砂浆填塞。管道支墩应在管道接口做完、管道位置固定后修筑。管道安装过程中的临时固定支架,应在支墩的砌筑砂浆或混凝土达到规定的强度后拆除。

第四节 市政排水管渠工程施工技术管理

一、管道施工

(一)沟槽开挖

在挖槽见底前,在灌注混凝土基础前,管道铺设或砌筑前,应校测管道中心线及高程桩的高程。开槽应根据槽底宽度、槽的深度、槽层、边坡等因素确定。消火栓四周、管线阀门窨井、测量标志附近不得堆土;煤气管、上水管顶面上堆土应事先征得有关单位许可;严禁靠墙壁堆土,以防倒塌。管道一侧预留工作宽度,当地质条件良好、土质均匀,地下水位低于沟槽底面高程,且开挖深度在5 m以内边坡不加支撑时,在设计无规定情况下,沟槽边坡最陡坡度应符合表5-7的规定。严禁扰动槽底土壤,如发生超挖,严禁用土回填,槽底不得受水浸泡或受冻。槽底高程允许偏差不得超过下列规定:设基础的重力流管道沟槽,允许偏差为±10 mm;非重力流无管道基础的沟槽,允许偏差为±20 mm;槽底宽度不应小于施工规定;沟槽边坡不得陡于施工规定。

表5-7 深度在5m以内的沟槽边坡的最陡坡度

土的类别	边坡坡度(高:宽)		
	坡顶无荷载	坡顶有静载	坡顶有动载
中密的砂土	1:1.00	1:1.25	1:1.50
中密的碎石类土(充填物为砂土)	1:0.75	1:1.00	1:1.25
硬塑的轻亚黏土	1:0.67	1:0.75	1:1.00
中密的碎石类土(充填物为亚黏土)	1:0.50	1:0.67	1:0.75
硬塑的亚黏土、黏土	1:0.33	1:0.50	1:0.67
老黄土	1:0.10	1:0.25	1:0.33
软土(经井点降水后)	1:1.00	—	—

(二)排水管道安装及接口

1.排水管道安装

在管道铺设前必须对管道基础作严格的质量验收,复核轴线位置、线形以及标高是否与设计标高吻合。管材质量检查:管节尺寸、圆度、外观;管材内在质量,不得有裂缝和破损。应对橡胶圈及衬垫材料的质量进行检查,包括外观及其性能。排管应从下游排向上游,承口面向上游,管节安装时不得损伤管节,密封橡胶圈不得脱槽和扭曲,承插口的间隙应均匀,间隙不大于9 mm。严格控制管节的标高及走向,严禁倒坡。

2.管道接口

在接口前检查管节端部是否清除干净,是否需要凿毛,在接缝处是否需要用水润湿。管径大于或等于700 mm的管道。管缝超过10 mm时,抹带前,应在管道内顶部管缝处支点托。从外部将砂浆填实,然后拆去内托抹平,不得在管缝内填塞碎石、碎砖、木屑等杂物。胶圈接头宜用热接,接缝应平整牢固,每个胶圈的接头不得超过两个,粗细均匀,质地柔软,无气泡,无裂缝,无重皮。对口时将管子吊离槽底,使插口胶圈准确地对入承口锥面内,利用边线调整管身位置,使管身中线符合设计要求。认真检查胶圈与承口接触是否紧密,如不均匀须进行调整,以便安装时胶圈准确就位。

(三)管道顶进施工

管节在起吊、运输过程中,应轻起轻落,端部接口严禁碰撞,堆放场地应平整。堆放层数:$\phi1350$ 及以下,不超过三层;$\phi1500 \sim \phi1800$,不超过两层;$\phi2000$ 以上为单层,底层管节必须用垫块塞稳。堆放在路边应设安全标志。

检查工作坑开挖时是否按施工组织设计方案进行基坑排水和边坡支护。检查工作坑平面位置及开挖高程是否符合设计要求。基础处理是否按设计要求进行处理。

检查工作坑结构工程的内容可安排水泵房的监理要求进行,检查工作坑回填土夯实情况,其密实度是否符合设计要求。对顶管设备必须经维修保养,检验合格后方可进入施工现场。开顶前对顶管全套设备及各类机具进行模拟操作,确保正常方可使用。

检查顶管施工前的以下准备工作是否按施工组织设计进行:第一,顶管设备是否按施工方案,配置状态是否良好;顶管设备能力是否满足顶力计算的要求,千斤顶安装位置、偏差是否满足施工组织设计要求;第二,检查降低地下水位、下管、出土、排泥等工作是否按施工方案准备;第三,当顶管段有水文地质或工程地质不良状况时,沿线附近有建(构)筑物基础时,是否按施工组织设计的要求,准备了相应的技术措施。

顶进过程中应监控接口施工质量,当采用混凝土管时,应监控内涨圈、填料及接口质量、当采用钢管时,应控制焊接、错口质量。钢板桩工作坑的平面尺寸以及后背的稳定和刚度应满足施工操作和顶力的要求,基础标高应符合施工组织设计的要求,钢板桩宜采用咬口联结的方式。平面形状宜平直、整齐。允许偏差：轴线位置100 mm，顶部标高±100 mm，垂直度1/100。

工作坑后背墙应结构稳定，无位移，与顶机轴线垂直后背墙的承压面积应符合设计和施工设计的要求。允许偏差：宽度5%，高度5%，垂直度1%。检验方法常用钢尺丈量、测斜仪测量。导轨应安装稳定，轴线、坡度、标高应符合顶管设计要求。允许偏差：轴线为3 mm；标高为0～3 mm。

(四)检查井

砌筑用砖和砂浆等级必须符合设计要求，配比准确，不得使用过期砂浆，砖的抽检数量按照检验批抽检试验。砌筑用砂浆应由中心试验室出具试验配合比报告单。检查井砌筑，每工作班可制取一组试块，同一验收批试块的平均强度不低于设计强度等级，同一验收批试块抗压强度的最小一组平均值最低值不低于设计强度等级的75%。

铸铁井盖、井圈应符合设计要求，选择有资质的生产厂家，进场材料应具有产品合格证及检验报告。对于污水管线及检查井应做闭水试验(一般情况下，管线闭水试验与检查井闭水试验同步进行，以检测其密闭性)。雨水检查井一般在管径大于等于1600 mm时，流槽内设脚窝；污水检查井一般在管径大于等于800 mm时，流槽内设脚窝。

踏步安装时，要求上下垂直，尺寸一致，应位置准确，随时用尺测量其间距，在砌砖时用砂浆埋牢，不得事后凿洞补装，砂浆未凝固前不得踩踏。圆形收口井筒砌筑时，根据设计要求进行收口，四面收口时每层不应超过30 mm；三面收口时每层不应超过40～50 mm。井壁必须互相垂直，不得有通缝，必须保证灰浆饱满，灰缝平整，抹面压光，不得有空鼓、裂缝等现象。井内流槽应平顺，踏步应安装牢固，位置准确，不得有建筑垃圾等杂物。井框、井盖必须完整无损，安装平稳，位置正确。

(五)沟槽回填

在土方回填中，严禁回填淤泥、腐殖土、弃土及含水量过高的土。回填土应确保结构物安全，管道及井室不位移，不破坏，不得将土直接堆在抹带接口及防腐绝缘层上。应特别注意管道两侧及管顶以上50 cm范围(山区30 cm)内的回填质量，不得回填大于10 cm的石块、砖块等杂物。

对管径大于或等于1000 mm的钢管、铸铁管,在回填土前应在管内设竖向支撑。填土压实次数,要根据要求的压实度、虚铺厚度及土的含水量,经现场密实度试验来定。在夯实中不得有漏夯,当压路机在压实过程中,机轮重叠宽度应大于20 cm,行驶速度不得大于2 km/h。在管顶以上50 cm范围内不得使用压路机压实,以防管裂及下沉,当采用重型机具压实,或有较重车辆在回填土上行驶时,在管道顶部以上必须有一定厚度的压实回填土,其最小厚度应按压实机械的规格和管道的设计承载力通过计算确定[①]。

二、沟渠施工

(一)土渠

边坡必须平整、坚实、稳定,严禁贴坡,渠内不得有松散土,渠底应平整,排水通畅,土渠允许偏差应符合表5-8的规定。

表5-8 土渠允许偏差

序号	项目	允许偏差	检验频率		检验方法
			范围/m	点数	
1	高程	0~30 mm	20	1	用水准仪测量
2	渠底中线每侧宽度	不小于设计规定	20	2	用尺量每侧计1点
3	边坡	不低于设计规定	40	每侧1	用坡度尺量

(二)水泥混凝土及钢筋混凝土渠

墙面严禁有裂缝,并不得有蜂窝露筋等现象。墙和拱圈的伸缩缝与底板的伸缩缝应对正,预制构件安装,必须位置准确、平稳、缝隙必须嵌实,不得有渗漏现象。渠底不得有建筑垃圾、砂浆、石子等杂物。

(三)石渠

墙面应垂直,砂浆必须饱满,嵌缝密实,勾缝整齐,不得有通缝、裂缝等现象,墙和拱圈的伸缩缝与底板伸缩缝应对正。渠底不得有建筑垃圾、砂浆、石块等杂物。

(四)砖渠

墙面应平整垂直,砂浆必须饱满,抹面压光,不得有空鼓裂缝等现

---

①任亚杰. 浅析市政工程施工技术及其现场施工管理措施[J]. 建筑工程技术与设计,2018(4):10.

象。砖墙和拱圈的伸缩缝与底板伸缩缝应对正,缝宽应符合设计要求,砖墙不得有通缝,渠底不得有建筑垃圾、砂浆、砖块等杂物。

(五)渠道回填土

回填土须在渠道结构检验合格、安全稳定后,两侧同时进行。回填时,槽内应清理干净,无积水、淤泥、腐殖土、大于 10 cm 的冻土块及有机物等。

(六)护底、护坡、挡土墙(重力式)

砂浆砌体必须嵌填饱满密实,灰缝整齐均匀,缝宽符合要求,勾缝不得空鼓、脱落。砌体分层砌筑,必须错缝,咬茬紧密。沉降缝必须直顺,上下贯通。预埋件、泄水孔、反滤层、防水设施等必须符合设计或规范的要求。干砌石不得有松动、叠砌和浮塞。

三、排水泵站

(一)基坑开挖

严禁扰动基底土壤,如发生超挖,严禁用土回填,基底不得受泡或受冻。

(二)回填

填方经夯实后不得有翻浆、弹簧现象,填方中不得含有淤泥、腐殖土及有机物质等。

(三)泵站沉井

沉井下沉后内壁不得有渗漏现象,底板表面应平整,亦不得有渗漏现象。

(四)模板

模板安装必须牢固,在施工荷载作用下不得有松动、跑模、下沉等现象。模板拼缝必须严密,不得漏浆,模内必须洁净。

(五)现场浇筑水泥混凝土结构

水泥混凝土配合比必须符合设计规定,构筑物不得有蜂窝露筋等现象。

(六)砖砌结构

砂浆必须饱满,砌筑平整、错缝,不应有通缝。清水墙面应保持清洁,刮缝深度应适宜,勾缝应密实,深浅一致,横竖缝交接处应平整。

(七)水泵安装

地脚螺栓必须埋设牢固,泵座与基座应接触严密,多台水泵并列时各种高程必须符合设计规定。水泵轴不得有弯曲,电动机应与水泵轴向相符。

(八)铸铁管件安装

水压和注水试验必须符合设计规定,穿墙管埋塞处应不渗漏,支架托架安装位置应正确,埋设平整牢固,砂浆饱满,但不应突出墙面,与管道接触应紧密。承插式管道连接应平直,环形间隙应均匀,灰口应齐整、密实、饱满,凹进承口不大于5 mm。法兰式管道连接应平整、紧密,螺栓应紧固,螺帽应在同一面,螺栓露出螺帽的长度不应大于螺栓直径的1/2。阀门安装应紧固、严密,与管道中心线应垂直,操作机构应灵活、准确。

(九)钢管安装

水压、气压试验必须符合设计规定,支、吊托架安装位置应正确,埋设平整、牢固,砂浆饱满,但不应突出墙面,与管道接触应紧密。滑动支架应灵活,滑托与滑槽间应留有3~5 mm的间隙,并留有一定的偏移量。阀门安装应紧固、严密,与管道中心线应垂直,操作机构应灵活、准确。管道穿过墙或底板处应按设计和规范规定设置套管,铁锈、污垢应清除干净,油漆颜色和光泽应均匀,附着良好,不得有遗漏、脱皮、起折、起泡等现象。

第五节　市政电力工程施工技术管理

一、基本概念

(一)电力

电力又称电能,是由其他形式的能源(如水能、风能、化学能、核能、太阳能等)转化而来的二次能源。随着城镇化进程的不断推进,电能的适用范围和种类日益扩大。如今,电力系统已成为现代城市社会不可缺少的市政设施[①]。

(二)电力系统的组成

电力系统由发电厂、各级变电站(所)、电力网和用电设备(用电户)等组成。根据功能又可将电力系统分为发输电系统、供配电系统和用电系统三大类。城市电力系统主要由供配电系统和用电系统组成。供配电系统是接受电源输入的电能,并进行检测、计量、变压等,然后向用户和用电设备分配电能的系统;用电系统主要包括动力用电系统、照明用电系统以及其他用电系统(如通信等)。

1.发电厂(站)

发电厂是产生电能的设施(即电源),其作用是将其他形式的能转化为电能。如火力发电厂、水力发电站、核电站等。

2.电力输送

电力输送是指将发电厂输出的电能送到用户所在的区域。

3.变电站

变电站是改变供电的输配电压,以满足电力输送和用户用电要求的设施。变电站可分为升压变电站和降压变电站两种。在输电时,为了减少电能损耗和电压损失,通常采用高压输电,即通过升压变电站把发电厂所生产的 6 kV、10 kV 或 15 kV 的电能变为 35 kV、110 kV、220 kV 或 500 kV 的高压电经输电线送达用电区。高压电到达用户端时,为方便用户低电压用电要求,再通过降压变电站把高压电降为 3 kV、6 kV 或 10 kV,以供用户使用。

4.电力网

电力网是指连接发电厂与变电站、变电站与变电站、变电站与用电设备之间的电力线网络,它是电能的输配载体,承担电能的接受与传输功能。

---

①沈东生. 浅谈市政工程施工现场管理技术应用[J]. 建筑工程技术与设计,2019 (14):25.

5.用电户

用电户是将电能转化成其他形式的能量的用电设备或用电单位。如电灯、电视机、电冰箱、电动机、空调、钢铁厂、化工厂等。

将发电厂、变电站、用电设备(用电户)用电力线连接起来就构成了电力系统。输配电力网如图5-1所示,供配电系统如图5-2所示。

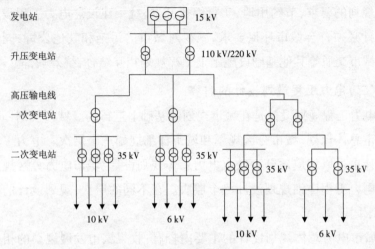

图5-1 输配电力网

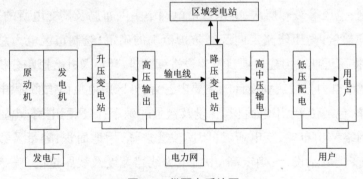

图5-2 供配电系统图

二、电力工程规划设计

(一)电力工程规划设计的原则

电力工程规划设计的原则主要是:可靠性、灵活性和经济性。电力工程规划设计要符合城市规划和城市电力系统规划的要求。电力工程规划设计的编制期限应与城市规划期限相一致,一般分为:近期5年,远期

20年,必要时还可增加中期期限(5~15年)。

电力工程规划设计应做到新建与改造相结合,远期与近期相结合,电力工程的供电能力能适应远期负荷增长的需要,结构合理,便于实施和过渡。

发电厂、变电所等电力工程的用地和高压线路走廊宽度的确定,应按城市规划的要求,节约用地,实行综合开发,统一建设。电力工程设施规划设计必须符合城市环保要求,减少对城市的污染和其他公害,同时应当与城市交通等其他基础设施施工工程规划相互结合,统筹安排。

(二)电力工程规划设计的内容

电力工程规划设计是在城市规划的基础上进行的。城市规划一般分为城市总体规划、城市分区规划和城市详细规划三个层次。电力工程规划设计也可以相应地分为城市电力总体规划设计、城市电力分区规划设计和电力工程详细规划设计三个层次。在不同的层次,规划设计的内容有所不同。

城市电力总体规划设计的主要内容有:收集城市发展规划的相关资料;确定城市电源的种类和布局;分期用电负荷预测和电力平衡;确定城市电网、电压等级和层次;确定城市电网中主网布局及其变电所的选址、容量和数量;高压线路走向及其防护范围的确定;绘制市区电力总体规划图;提出近期电力建设项目及建设进度安排;环境及社会影响分析等。

城市电力分区规划设计的主要内容有:分区用电负荷预测;供电电源的选择,包括位置、用电面积、容量及数量的确定;高压配电网或高、中压配电网络结构布置,变电所、开闭所位置选择,用地面积、容量及数量的确定;变配电站设计;确定高、中压电力线路宽度及线路走向;确定分区内变电所、开闭所进出线回数、10 kV配电主干线走向及线路敷设方式;绘制电力分区规划图等。

电力工程详细规划设计的主要内容有:按不同性质类别地块和建筑分别确定其用电指标,然后进行电力负荷计算;确定小区内供电电源点位置、用地面积及容量、数量的配置;供电设备设计;拟定中低压配电网接线方式,进行低压配电网规划设计;确定中低压配电网回数、导线截面及敷设方式;进行投资估算;绘制小区电力详细规划图等。

(三)电力工程规划的基本任务

电力工程规划的基本任务是构建安全、经济、方便、优质、技术先进的城市供电网络体系,满足国民经济各部门用电增长的要求,为国民经济和人民生活提供"充足、可靠、合格、廉价"的电力。

(四)电力工程规划设计的设计方法和程序

1.电力工程规划设计的设计方法

城市电力工程规划设计的设计方法主要有如下几种。

(1)基本条件分析

如电力负荷需要、动力资源开发及运输条件许可、变配电设备的制造及供应等。

(2)基本功能分析

对基本功能的分析要分层次进行,首先要分析全网供电范围、电源建设地点、电源的作用、分区电网之间的送受电关系等;其次应分析主力电源的合理送电范围、功率流向及相应的网架;最后分析地区电网、设备等的情况。随着电力系统的发展,电网各部分无论是电源、网架还是输电线的功能都是变化的。

(3)基本形态分析

基本形态分析就是分析电网的结构。最基本的电网结构有辐射型、链型及环型,电网结构主要取决于电厂和负荷的分布、电网覆盖地域的情况。电网结构设计的基本原则是分层分区原则,即不同电压等级电网构成不同的层次,不同地域的下一级电网解构成不同的地区电网,地区电网本身具有足够的电压支撑和无功储备。

(4)动态分析

动态分析即弹性分析或可变因素分析,主要是指电网实际的发展进程与设计预计有差别时,规划电网的适应能力。可变因素主要是指负荷的实际增长超过或低于预计;电源建设进度或顺序发生变化;主要送电线路投产时间提前或推迟等。因此,电力系统的规划要采取滚动的方法不断加以修正。

（5）限制性条件分析

限制性因素主要有：自然地理条件，供水水源条件，煤炭供应条件，运输条件，输电线路存在跨江、河问题，主要电气设备制造困难等。

（6）可靠性与经济性分析

通过系统稳定计算、无功补偿及调压计算、工频过电压和过电流计算、方案经济评价计算等对设计系统的技术经济特性进行全面综合评价，提出最佳方案。

2.电力工程规划设计的程序

在上述规划设计方法的指导下，电力工程规划设计主要应按下述程序进行。

（1）收集资料

资料包括区域动力资源分布及可开发利用的情况，城市供电及有关电力系统的现状和发展资料，工业、农业、市政、生活等方面的电力负荷情况，地形、气象、水文、地质、雷电日数等自然资料，城市规划有关资料等。

（2）分析、归纳资料，进行电力负荷预测

电力负荷预测包括电量需求预测和最大负荷预测。

电量需求预测应包括：各年（或水平年）需电量；各年（或水平年）一、二、三产业和居民生活需电量；各年（或水平年）部分、分行业需电量；各年（或水平年）按经济区域、行政区域或供电区需电量。

需电量的具体预测方法有：用电单耗法、电力弹性系数法、回归分析法、时间序列法、综合用电水平法、负荷密度法等。其中，综合用电水平法和负荷密度法都是预测城乡居民生活用电的方法；综合用电水平法是按照预测的人口数及每人平均耗电量来预测居民总用电量。

电力负荷预测包括：各年（或水平年）最大负荷；各年（或水平年）代表月份的日负荷曲线、周负荷曲线；各年（或水平年）年时序负荷曲线、年负荷曲线；各年（或水平年）的负荷特性和参数，如平均负荷率、最小负荷率、最大峰谷差、最大负荷利用小时数等。

最大负荷值预测方法主要有同时率法，用所求各供电地区的最大负荷之和乘以同时率,得到整个系统的综合用电最高负荷。如果再加上整个系统的线损和厂用电,就可以求得整个系统的最大发电负荷。

电力工程总体规划设计时,一般采用以规范制订的各项用电指标作为远期用电负荷的控制指标。分区规划设计电力负荷预测宜采用负荷密度法。城市供电详细规划设计采用城市建筑用电负荷分类负荷指标进行预测。

(3)根据负荷及电源条件确定供电电源方式

电源规划设计的具体内容有:确定发电设备总容量;选择电源结构(即确定各类型电厂容量);确定电源布局;电源建设方案优化;提出电源建设项目表等。城市电源通常分为城市发电厂和变电站(所)两类。城市发电厂主要有火力发电厂、水力发电厂、核电站等。发电厂应靠近负荷中心,有方便的运输条件,保证燃料供应稳定,有高压线进出的可能性,系统运行安全可靠、经济合理,系统装机容量得到充分利用,满足调峰要求,卫生防护距离达到国家标准。变电站一般建在工程地质条件良好,地耐力高,地质构造稳定的地方,少占农田,交通方便,不污染环境。

(4)进行规划可行性论证

该环节工作内容主要包括电力工程建设必要性论证、工程建设任务书编制、研究输电方案、初选代表性厂(站)址和线路布置方案、初选工程规模、建设征地和移民安置初步规划、估算工程投资、资金筹措方式以及初步经济评价等。

(5)编制规划、设计文件及规划图表

该环节工作内容包括可行性研究报告、规划书、初步设计、设计说明书、技施设计、工程材料表、设备清单、工程预算书等。

三、电力工程主要设施

(一)变电配电设施

变电站按其在电网中的位置、作用和特点可划分为:枢纽(中心)变电站、区域(中间)变电站、终端变电站、配电变电站、配电开关站和用户变电站等。

枢纽变电站一般有人值班,总平面布置中包括主控楼、配电装置场地和辅助设施场地等。主控楼的大小按变电站规模确定,楼内包括继电器室、计算机房、自用电室、蓄电池室、检修和实验室以及主要为载波机房和微波机房的通信设施。配电装置场地占变电站用地的主要部分,可采用占地较少的高层或半高层的户外或半户外布置。其他辅助生产建筑主要有空气压缩机站、油库、锅炉房、汽车库等。

变电站的主要设备有:电力变压器、断路器和开关设备、继电保护和自动装置以及无功补偿设备等。

1.电力变压器

电力变压器的类型很多,可以按不同方法进行分类。按用途不同可分为:升压变压器、降压变压器、联络变压器、站用(厂用)变压器、接地变压器、配电变压器、箱式变压器、杆架变压器以及用于直流输电的换流变压器等。按相数不同可分为:单相变压器、三相变压器和多相变压器等。按绕组数及其结构形式不同可分为:双绕组变压器、三绕组变压器、多绕组变压器、自耦变压器和分裂变压器等。按铁芯与绕组的组合结构不同可分为芯式变压器和壳式变压器。按绝缘介质不同可分为:油浸变压器(内注矿物油或硅油等合成油)和干式变压器(内充空气、SF_6气体、采用绝缘材料或环氧树脂浇筑等)。按冷却方式不同可分为:油浸自冷变压器、油浸风冷变压器、强迫油循环风冷变压器、强迫油循环水冷变压器、强迫油导向循环风冷变压器、强迫油导向循环水冷变压器和蒸发冷却变压器等。

变压器一般是由铁芯、绕组、油箱、绝缘套管和冷却系统等五个主要部分构成。

变压器在电力系统中的主要作用是:变换电压,以利于功率的传输。在同一段线路上传送相同的功率,电压经升压变压器升压后,线路传输的电流减小,可以减少线路损耗,提高送电经济性,达到远距离送电的目的,而降压则能满足各级使用电压的用户需要。

2.断路器和开关设备

城市变电站用的断路器和开关设备主要在于形式的选择。断路器的形式有多油、少油、空气、电磁、六氟化硫(SF_6)和真空等几种。对220 kV

及以下的电网,若无特殊要求,可采用较为经济的少油断路器,但目前少油断路器的发展已接近尾声,逐步被SF₆断路器所替代。110 kV及以上一般采用SF₆落地罐式断路器扩大组合型的开关设备,除母线、电压互感器和避雷器外,隔离开关、接地开关、电流互感器和断路器都组装在一个充SF₆的容器内;另一种是SF₆全封闭组合式电器,把整个变电站除主变压器以外的一次设备全部封闭在一个接地的充SF₆的金属压力容器内,更加缩小了占地面积与空间。10～35 kV的开关设备则是成套装配式的开关柜,开关柜用金属外壳封闭,柜内各功能隔室用金属或非金属隔板隔开,所装电流互感器既作穿墙套管,又作为连接触头,支持绝缘子均由环氧树脂浇筑。断路器一般用SF₆或真空断路器装于手推车上,可推入或拉出,因而省去了隔离开关,更缩小了体积。

城网中用得较多的中压开关设备还有环网开关,因为城市电缆网的接线一般采用开环运行的单环网。单环网直接至用户由环网开关来完成。环网开关柜按柜体结构不同,分为二回路单元或多回路单元,其中二回路分别为进线和出线,其他回路接至负荷,一般为配电变压器或用户变压器,进出线回路中装负荷开关,负荷回路中装负荷开关和断路器并带熔断器和继电保护。

所谓一次设备,是指直接生产和输配电能的设备,包括发电机、变压器、断路器、隔离开关、自动空气开关、接触器、闸刀开关、母线、电力电缆、电抗器、避雷器、熔断器、互感器等。

所谓二次设备,是指对一次设备的工作进行监察测量和控制保护的辅助设备,包括仪表、继电器、自动控制设备、信号设备及保护电源等。

3.继电保护和自动装置

变电站中的线路、电力变压器、电容器、电抗器、调相机、消弧线圈等设备都需要配置可靠的、有选择性的、动作迅速和灵敏度高的继电保护装置。继电保护通常分为电流保护、电压保护、差动保护、距离保护、高频保护、微波保护和行波保护等。保护装置可由电磁继电器、整流型继电器、半导体元件、集成元件或微机等构成。

城网中220 kV及以上的送电网采取双重化保护,即同样原理的继电保护应具备两套,以确保安全可靠;配电网的继电保护则应力求简化;城网中的终端变电站,尤其是110 kV及以上的,高压侧不设母线和断路器,主变压器故障时由远方跳闸装置断开电源断路器。35 kV电网终端变电站中的线路变压器组的主变压器高压侧是否需要装断路器,可通过与远方跳闸装置的费用比较确定。城网中需要多条线路并联运行时,可采用纵差保护。

集成元件或微机型继电保护,由于成本低、性能好、体积小,已取代了传统的电磁继电器。

自动装置包括在变电站内就地控制的自动装置(如自动重合闸,按频率紧急减负,自动调节无功补偿和主变压器电压分接开关以及故障录波器等设施),还包括电力调度中心用来对变电站实行遥控、遥信、遥测、遥调的技术装备,由具有发射和接收功能的主控制装置、远方终端装置组成。装置内部一般采用模块化、组合化和总线结构。基本部件包括中央处理器、存储器、模数转换器和数模转换器、通信控制器、调制器与解调器、实时时钟和电源部件等。输入与输出有模拟量、开关量、数字量和脉冲量等。

早期的"四遥"装置以及电器作为主要元件,称为有触点远动,其功能简单、容量小、动作速度慢。随着电子元件、通信和计算机技术的发展,无触点和微机远动装置先后得到发展和应用,功能日臻完善,数据更新也大大加快。近年来引入的数字化控制和保护装置,把所有硬件部件集中在一起,通过软件完成控制、连锁、保护、显示、监视、记忆以及通信等功能,新的适合于数字化控制单元特性的传感器体积也更小,可靠性更高。

4.无功补偿设备

在交流电路中,负载向电网吸取的电力有有功功率和无功功率之分。有功功率就是可以将电能转化为其他能量的功率,如热能、机械能、光能等。无功功率则用来产生用电设备所需要的磁场,特别是电动机等电感性设备。无功功率是不消耗电能的,所以称之为无功。但它要在电路中产生电流,这种电流称之为电感电流。电感电流同样会增加电气线路和变压设备的负担,降低电气线路和变压设备的利用率,增加电气线路的发热量;但没有它,用电设备又不能正常工作。于是,人们就找一种在同一电源下,所产生的电流与电感电流方向相反的电器接在线路上,用来抵消电感电流。这样,既不影响电动机产生磁场,又能消除或减少线路上的电感电流,这种电器就是电容器。这种电容器就叫补偿电容器,也叫电力电容器。它在线路上的电流正好与电感电流相反。只要在线路上接的电容数量与负载的电感分量相匹配,所产生的电容电流就能非常有效地消除或减少线路上的电感电流,也就是消除或减少负载向电网吸取无功功率。这样就能减少电气线路和变压设备的负担,提高电气线路和变压设备的利用率,降低电气线路的发热量。那么,在电气线路上安装补偿电容器就称为无功补偿,也叫对线路进行无功优化。

(二)输电、电网设备

1.电缆线路

按照我国的具体条件,目前在下列情况下采用电缆线路:繁华地区、主要道路、重点旅游区等按照城市规划不宜通过架空线的地区;走廊狭窄、架空线与建筑物不能保持安全距离的道路;负荷密度和供电可靠性要求高的地区,用架空线不能满足要求时;深入市区的 110 kV 及以上线路;严重腐蚀和易受热带风暴侵袭的主要城市的重点供电区。

常用电缆的型式:第一,黏性油浸渍纸绝缘电缆。使用黏性油浸渍纸作为绝缘材料的电缆,在 6～35 kV 电网中广泛使用,但截面较小,大部分为铝芯 240 mm²,近年来随着城市负荷的增高,已逐步采用大截面的交联聚乙烯电缆来代替。第二,PVC 电缆。是用聚氯乙烯塑料作为绝缘材料的电缆,广泛应用于低压线路中。第三,充油电缆。主要是自容式充油电缆,有单芯和三芯两种,单芯用于 60～500 kV 电网,三芯一般用于 35～110 kV 电网。其特点是采用经过脱气的低黏度绝缘油充入电缆内部,并借补油设备给以一定压力以消除内部产生气隙的可能性。但需有一套共有设备,在城市中取得塞止接头和油箱的安装空间越来越困难。第四,交联聚乙烯电缆。这是利用高能辐射或化学方法对聚乙烯分子进行交联作为绝缘介质的一种电缆。与油纸电缆及充油电缆相比较,具有载流量大,质量轻,坚固,适用于恶劣环境,接头、终端头等附件制作简单等优点,目前已应用于各级电压电网。

电缆敷设方式:第一,直埋敷设方式。这是最简单、经济的敷设方式,一般敷设于市区人行道下部,三芯电缆并排敷设,单芯电缆成品字形排列。品字形排列的隔一定间距用绑带扎紧。第二,电缆沟敷设。当电缆在人行道上需多层敷设时可以采用电缆沟,但沿线妨碍建构的横向管道均需切断,故建设时也有一定难度。因此,一般只在变电站内部和个别变电站出线处使用。第三,排管敷设。对于密集的电缆线路可用排管敷设。一路排管最多可有3×7孔。隔一定长度设置接头工井,线路转角较大时设置转角井。排管一般适用于电缆条数较多,且有机动车等重载的地段。第四,隧道敷设。电缆敷设在隧道内是最好的敷设方式,安装、运行、检修都比较方便。但隧道施工费用较昂贵,地下管线复杂时,施工困难。施工时还需长期封锁交通,虽然这种困难可用顶管或盾构法施工解决,但价格昂贵,要求施工场地大,在市区也是同样困难重重。因此,一般只在大型变电站、进出线密集的地方采用。第五,电缆过桥。电缆利用交通桥梁过桥是最经济的过河办法。通过采取一定措施后,在防火、通信干扰和桥梁安全运行等方面均不存在问题。但电缆过桥必须与桥梁管理单位协商,在桥梁结构上考虑增加的电缆荷重和预留通道。过桥时宜穿管,并推荐使用玻璃纤维增强型塑料管,其质量轻,耐振动,便于施工。

2.用电设备

用电设备主要包括动力用电设备、照明用电设备及其他用电设备。动力用电设备主要指各种带有电动机的动力设备,照明用电设备主要有各类照明器具、配电箱、开关等,其他用电设备包括广场音响、部分家用电器、充电设备等。

四、电力工程施工

电力工程施工包括变电站施工和输电线路施工两部分。限于篇幅,对这部分内容仅做简单介绍。

(一)变电站施工

1.土建施工

土建施工主要包括配电房工程(一般包括配电室、主控室及其他功能室、电容器室等),设备基础施工,接地坑开挖,电缆沟施工,构支架安装,围墙、道路、大门、水暖、照明施工等内容。

配电房施工包括测量放线、土方开挖、垫层施工、基础施工、主体施工、预埋件安装、屋面施工等。设备基础设施上主要包括基坑开挖、钢筋笼绑扎就位、连接件预埋、模板支设、混凝土浇筑及养护等。构支架安装主要是把钢筋混凝土或钢结构的构架和支架按设计图纸的要求固定好,以便于安装电气设备。围墙、道路、大门、水暖、照明施工等与一般土木工程类似。

2.电气安装

电气安装包括变压器安装、断路器安装、高压隔离开关安装、互感器和消弧线圈安装、避雷器安装、电抗器安装、电容器安装、母线装置安装、接地装置安装、控制电缆敷设及接线、盘(柜)安装等。这些电气安装工作须由相关专业人员来完成。

(二)输电线路施工

1.架空线路施工

架空线路施工具体步骤如下。

(1)线路测量

工艺流程包括施工准备、线路复测、基础分坑、质量检验。

准备工作。包括技术准备(熟悉设计文件和图纸,进行详细的现场调查,图纸会审与技术交底,材料复试与报验,仪器检测,技术标准准备等)、施工机具准备(经纬仪、GPS、全站仪、塔尺、钢尺、花杆、小木桩等)、施工人员准备(持证上岗的测工、普工)、材料准备、资金准备等。

线路复测。线路复测的内容主要包括档距、转角、相对高程、重要跨越等。复测的重点是核对所测数据的偏差是否在允许范围之内。复测时应进行跨越物、拆迁物、树木的登记和统计工作,复测完毕后应及时编制复测成果。

基础分坑。其内容包括确定线路方向和基础编号、定出杆塔中心桩位置、钉好辅助桩、开挖基础分坑等。分坑时要注意复核档距、角度,绘制塔基平面草图,做好分坑记录等工作。

质量检验。线路路径复测质量要求及检查方法应按《110 kV～500 kV架空电力线路工程施工质量及评定规程》(DL/T 5168—2002)中的质量要求及检查方法进行检查。测量时重点核对杆塔位中心桩(作为测量基准)、地形危险点标高、塔位中心桩移桩的测量精度、新增障碍物位置及处理等。

(2)土石方工程施工

施工准备环节包括技术准备(如熟悉设计文件和图纸,进行现场调查,图纸会审与技术交底,制订施工方案等)、施工机具准备(经纬仪或全站仪、挖坑工具、挖掘机、凿岩机、抽水泵等)、施工人员准备(持证上岗的指挥工、安全员、质量员、测工、电工等)、资金准备等。

基础和接地沟开挖。主要内容有界面清理、探坑、开挖和扩孔、修坑、验坑、垫层施工等。垫层一般采用CIO混凝土或M7.5水泥砂浆铺石灌浆制作。

基坑和接地沟回填。现浇基础在拆模后即取土回填,回填时应清除坑内的树枝、枯草等杂物,排除坑内积水,并不得在边坡范围内取土。回填宜选取未掺有石块及其他杂物的泥土,并应分层夯实。

(3)基础浇筑工程施工

施工准备环节包括技术准备(熟悉设计文件和图纸,现场调查,图纸会审与技术交底,原材料复试、混凝土配合比确定等)、人员准备(包括持证上岗的指挥工、安全员、质量员、混凝土振捣工、混凝土工、钢筋绑扎工等)、施工机具准备(混凝土搅拌机、插入式振捣器、磅秤、手推车、溜槽、模板等)、施工现场布置、原材料准备等。

模板安装环节包括选择合格的模板和支架,检查、清理基坑,做好垫层,拼装模板,模板调整和固定等工作。

钢筋制作及安装环节包括钢筋调直、钢筋加工、钢筋连接、配置箍筋、钢筋笼(网)安装等。

地脚螺栓安装和角钢插入就位。地脚螺栓采用井字架和限位板进行安装,安装时控制好地脚螺栓间距、外露高度、同组螺栓对中心偏移。角钢插入坑底事先设置的垫块上,控制好插入式角钢各部位的尺寸、倾斜角、高程,将定位螺栓穿过角钢上的定位孔,然后对插入角钢的上外角(包括位置、角度、高程、扭转等)和坡比进行找正和校核。

混凝土浇筑。其工艺流程有施工准备、搅拌混凝土、浇筑混凝土(含试块制作)、混凝土振捣、基础抹面。

基础养护。混凝土浇筑后,应在12h内开始浇水养护,当天气炎热、干燥有风时,应在3h内进行浇水养护。对普通硅酸盐和矿渣硅酸盐水泥拌制的混凝土,浇水养护时间不得少于七昼夜。

模板拆除。基础拆模时的混凝土强度,应保证其表面及棱角不损坏,特殊形式的基础底模及其支架拆除时的混凝土强度应符合设计要求。模板拆除后,基础外观质量不应有严重缺陷。对已经出现的严重缺陷,应由施工方提出技术处理方案,并经监理认可后进行处理。对经处理的部位,应重新检查验收。对于出现的一般质量缺陷,应由施工技术处理方案进行处理,以满足规范要求。

(4)杆塔组立工程施工

在架空线路杆塔组立之前,首先要做好充分的准备工作,包括场地平整、清理障碍物,抱杆检查,起重机具检验或现场试验,清点和检验塔材,人员准备(如组塔指挥工、安全员、质量员、机动绞磨机手、吊车司机等)、技术资料准备(如线路明细表、铁塔施工组装图、组塔作业指导书、铁塔施工工艺手册、施工记录表等)及施工机具材料的准备(如塔料、普通螺栓、防盗螺栓、扣紧母、塔脚母、垫等)等。

杆塔组立施工方法可分为整体组立和分解组立两种。整体组立是指在地面上将铁塔组装好,然后利用牵引装置把整个铁塔竖立和就位的方法。常用的方法是倒落式抱杆整体组立杆塔施工法。整体组立适用于重量轻、高度小的铁塔。分解组立是指在地面上将铁塔按部位或按构件类型进行局部组装,然后起吊并在空中分段分解组装就位的施工方法。常用的方法有吊车组塔施工、铁抱杆分解组立铁塔施工、内悬浮抱杆分解组塔施工、落地摇臂抱杆分解组塔施工、塔式起重机分解组塔施工等。分解组立适用于重量较重、高度较大的中型和大型铁塔。

（5）接地工程施工

其主要工作有施工准备、接地体加工、接地沟开挖、接地体敷设、接地引下线安装、接地电阻测量和质量检验等。

2.电缆线路施工

（1）电缆沟道施工

电力沟施工，包括以下施工工作：①施工准备工作，包括施工调查、原材料进场、机械设备进场、人员进场等。②工程测量，包括桩位交接、桩位复测、控制网加密测量、施工测量放线、竣工测量等工作。③降水、排水施工，主要包括明沟排水、轻型井点降水及管井降水等施工方法。通过降水、排水，达到在无水的条件下进行沟槽开挖、结构施工、暗挖施工及顶管施工，保证工程施工质量及安全。明沟排水一般在沟槽或工作竖井内进行，轻型井点降水、管井降水一般在开槽边线外或结构边线外1.5m处布设，井点间距、深度根据降水设计计算确定。④沟槽开挖，主要工作有沟槽开挖、边坡修整和人工清底。⑤地基与基础施工，沟槽挖至基底设计标高，宽度符合设计或施工方案要求，土质特性等符合设计要求，表面平整、无虚土时，按规范要求进行钎探。钎探深度必须符合要求，准确记录锤击数。钎探合格后，进行基础施工。具体基础类型有灰土基础、砂石和砂基础、换填地基等。施工时要注意配合比、每层虚铺厚度、分段处搭接长度、压实系数、顶面标高等指标的控制。⑥防水施工，明挖电力沟一般采用多种防水措施以保证电力沟不渗不漏，达到隧道运营使用要求。其主要防水措施有防水混凝土、水泥砂浆防水层、聚合物改性沥青卷材防水层、双组分聚氨酯防水层、水泥基渗透结晶防水涂层等。变形缝、施工缝等防水薄弱环节则采取相应的构造措施。⑦电力沟结构施工，电力沟的受力结构常用钢筋混凝土结构和砖砌体结构两种。⑧土方回填。沟槽回填材料一般为素土，淤泥、沼泽土、冻土、有机土以及含有草皮、树根、垃圾和腐殖土不得作为回填材料。当素土回填密实度达不到要求时（通过压实度检测可知），应回填石灰土、砂砾等材料，砂、石级配要合理。

(2)电缆埋管施工

电缆埋管是电缆敷设的一种常见方式,根据电缆埋管类型不同可分为海泡石电缆管埋管、钢管埋管、塑料管埋管、玻璃钢埋管、镀塑钢管埋管等种类。按照设计要求,埋管外部可作混凝土、钢筋混凝土包封,以适应不同的环境。电缆埋管均采用明挖方法施工,其主要施工内容有工程测量、沟槽开挖、管道安装、包封混凝土浇筑、土方回填等。

(3)浅埋暗挖施工

电力隧道浅埋暗挖施工方法是在浅埋软质地层的隧道中,基于新奥法而发展起来的一种施工方法。主要施工内容有施工测量、监控测量、工作竖井施工、浅埋暗挖隧道施工、防水层施工、二衬模筑混凝土施工及附属构筑物施工等。初期支护是施工的重点和难点,施工中必须坚持"管超前、严注浆、短开挖、强支护、快封闭、勤测量"的十八字原则,确保隧道施工和周边建筑物、地下管线等的安全。

(4)电力顶管施工

电力顶管施工一般指钢筋混凝土顶管施工,管径由设计根据电缆需要确定,管道顶进到位后,在管道内安装电缆支架等附属设施,以敷设电缆。顶管施工主要内容包括工作竖井及后背施工、工程注浆和管道顶进等方面。

(5)电力检查井及附属构筑物施工。电力检查井包括明挖检查井、暗挖工作竖井、暗挖井室等类型,电力附属构筑物包括通风设施、井筒、井盖、集水井、步道、电缆出入口和钢构件的制作安装等内容。

第六章 市政施工项目进度与成本管理

第一节 施工项目进度管理与工程成本概念

一、施工项目进度管理的概述

(一)施工项目进度管理定义

施工项目进度管理是为实现预定的进度目标而进行的计划、组织、指挥、协调和控制等活动。即在限定的工期内,确定进度目标,编制出最佳的施工进度计划,在执行进度计划的施工过程中,经常检查实际施工进度,并不断地将实际进度与计划进度相比较,确定实际进度是否与计划进度相符。若出现偏差,便分析产生的原因和对工期的影响程度,找出必要的调整措施,修改原计划,如此不断地循环,直至工程竣工验收。

工程项目特别是大型重点建筑项目工期要求十分紧迫,施工方的工程进度压力非常大。如果没有正常有效地施工,盲目赶工,难免会出现施工质量问题、安全问题以及增加施工成本。因此,要使工程项目保质保量、按期地完成,就应进行科学的进度管理。

(二)施工项目进度管理过程

施工项目进度管理过程是一个动态的循环过程。它包括进度目标的确定,施工进度计划的编制及施工进度计划的跟踪、检查与调整,其基本过程如图6-1所示。

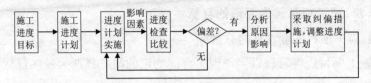

图6-1　施工项目进度管理过程

(三)施工项目进度管理的措施

施工项目进度管理的措施主要有组织措施、管理措施、经济措施和技术措施。

1.组织措施

组织是目标能否实现的决定性因素,为实现项目的进度目标,应健全项目管理的组织体系。在项目组织结构中应由专门的工作部门和符合进度管理岗位资格的专人负责进度管理工作,进度管理的工作任务和相应的管理职能应在项目管理组织设计的任务分工表和管理职能分工表中标示并落实;应编制施工进度的工作流程,如确定施工进度计划系统的组成,各类进度计划的编制程序、审批程序和计划调整程序等;应进行有关进度管理会议的组织设计,以明确会议的类型,各类会议的主持人、参加单位及人员,各类会议的召开时间,各类会议文件的整理、分发和确认等。

2.管理措施

管理措施涉及管理思想、管理方法、承发包模式、合同管理和风险管理等。树立正确的管理观念,包括进度计划系统观念、动态管理观念、进度计划多方案比较和择优观念;运用科学的管理方法、工程网络计划方法,有利于实现进度管理的科学化;选择合适的承发包模式;重视合同管理在进度管理中的应用;采取风险管理措施。

3.经济措施

经济措施涉及编制与进度计划相适应的资源需求计划和采取加快施工进度的经济激励措施。

4.技术措施

技术措施涉及对实现施工进度目标有利的设计技术和施工技术的选用。

(四)施工项目进度管理的目标

1.施工项目进度管理的总目标

施工项目进度管理以实现施工合同约定的竣工日期为最终目标。作为一个施工项目,总有一个时间限制,即施工项目的竣工时间,而施工项目的竣工时间就是施工阶段的进度目标。有了这个明确的目标以后,才能进行针对性的进度管理。

在确定施工进度目标时,应考虑的因素有:项目总进度计划对项目施工工期的要求、项目建筑的特殊要求、已建成的同类或类似工程项目的施工期限、建筑单位提供资金的保证程度、施工单位可能投入的施工力量、物资供应的保证程度、自然条件及运输条件等。

2.施工项目进度目标体系

施工项目进度管理的总目标确定后,还应对其进行层层分解,形成相互制约、相互关联的目标体系。施工项目进度的目标是从总的方面对项目建筑提出的工期要求,但在施工活动中,是通过对最基础的分部、分项工程的施工进度管理,来保证各单位工程、单项工程或阶段工程进度管理的目标完成,进而实现施工项目进度管理总目标。

施工阶段进度目标可根据施工阶段、施工单位、专业工种和时间进行分解。

(1)按施工阶段分解

根据工程特点,将施工过程分为几个施工阶段,如桥梁(下部结构、上部结构)、道路(路基、路面)。根据总体网络计划,以网络计划中表示这些施工阶段起止的节点为控制点,明确提出若干阶段目标,并对每个施工阶段的施工条件和问题进行更加具体的分析研究和综合平衡,制订各阶段的施工规划,以阶段目标的实现来保证总目标的实现。

(2)按施工单位分解

若项目由多个施工单位参加施工,则要以总进度计划为依据,确定各单位的分包目标,并通过分包合同落实各单位的分包责任,以各分包目标的实现来保证总目标的实现。

（3）按专业工种分解

只有控制好每个施工过程完成的质量和时间，才能保证各分部工程进度的实现。因此，既要对同专业、同工种的任务进行综合平衡，又要强调不同专业、工种间的衔接配合，明确相互的交接日期。

（4）按时间分解

将施工总进度计划分解成逐年、逐季、逐月的进度计划。

（五）影响进度的因素

工程项目施工过程是一个复杂的运作过程，涉及面广，影响因素多，任何一个方面出现问题，都可能对工程项目的施工进度产生影响。为此，应分析了解这些影响因素，并尽可能加以控制，通过有效的进度管理来弥补和减少这些因素产生的影响。影响施工进度的主要因素有以下几方面。

1. 参与单位和部门的影响

影响项目施工进度的单位和部门众多，包括建筑单位、设计单位、总承包单位以及施工单位上级主管部门、政府有关部门、银行信贷单位、资源物资供应部门等。只有做好有关单位的组织协调工作，才能有效地控制项目施工进度。

2. 项目施工技术因素

项目施工技术因素主要有：低估项目施工技术上的难度；采取的技术措施不当；没有考虑某些设计或施工问题的解决方法；对项目设计意图和技术要求没有全部领会；在应用新技术、新材料或新结构方面缺乏经验，盲目施工导致出现工程质量缺陷等。

3. 施工组织管理因素

施工组织管理因素主要有：施工平面布置不合理；劳动力和机械设备的选配不当；流水施工组织不合理等。

4. 项目投资因素

项目投资因素主要指因资金不能保证以至于影响项目施工进度。

5. 项目设计变更因素

项目设计变更因素主要有建筑单位改变项目设计功能，项目设计图纸错误或变更等。

6.不利条件和不可预见因素

在项目施工中,可能遇到地下水、地下断层、溶洞或地面深陷等不利的地质条件,也可能出现恶劣的气候条件、自然灾害等不可预见的事件,这些因素都将影响项目施工进度[①]。

二、工程成本概念

建筑工程项目施工费用为建筑安装工程费(即工程建设项目概、预算总金额中的第一部分费用),在项目业主的管理之下,施工企业利用此费用具体组织实施,完成项目施工任务。因此,施工企业进行成本管理研究的直接范围是建筑安装工程费。做好成本管理工作,首先必须清楚以下基本概念。

(一)工程预算价

工程施工企业在投标之前,一般都先按照概、预算编制办法计算建筑安装工程费。建筑安装工程费由直接工程费、间接费、施工技术装备费、计划利润和税金等五部分组成。

建筑安装工程费是工程概、预算总金额组成中的第一大部分。施工企业把建筑安装工程费称为工程预算价。

有时候,工程建设方将预留费用和监理费用以暂定金形式列入招标文件中,工程施工方在投标文件中也要相应地列入。但是,使用这些费用是由业主决定的,因此,工程施工企业在研究总造价、总成本时通常不予考虑。

(二)工程中标价

为了提高投标中标率,施工企业在投标报价时通常主动放弃了预算价中的施工技术装备费和计划利润的一部分或全部,有些情况下甚至还放弃直接工程费和间接费的一部分。通过投标中标获得的建筑安装工程价款,称为工程中标价。

---

①张健.市政工程施工企业的项目全过程成本管理[D].济南:山东大学,2013.

（三）工程成本

工程成本组成如下：第一，项目部所属施工队伍及协作队伍的工、料、机生产费用和施工现场其他管理费；第二，项目部本级机构的开支；第三，由项目部分摊的上级机构各种管理费用，其中包括投标费用；第四，上缴国家税金，也是总成本的一个组成部分。

（四）项目部责任成本

工程成本中的第一、第二两部分合并在一起，称为项目部工程成本，其额定值称为项目部责任成本。项目部责任成本是指项目部无额定利润的工程成本，是工程成本分解及成本管理工作的重点所在。

（五）项目部上级机构成本

项目部上级机构成本指工程总成本中的第三、第四两部分。在这里，应该注意的是项目部成本不等于工程施工总成本。施工总成本还应该包括发生在上级机构的成本（管理费）和应上缴国家的税金。项目部上级机构成本也是工程分解和成本管理工作的一个组成部分。

（六）工程利润

工程中标价（剔除暂定金和监理费用等）减去工程施工总成本后的余额是工程利润。在这里，应该注意到工程中标价（剔除暂定金和监理费用等）减去项目部成本，并不等于利润，只有再扣除由项目部分摊的上级机构各种管理费和上缴国家的税金之后，才是工程利润。

第二节　施工项目进度管理

一、施工项目进度计划的编制和实施

（一）施工项目进度计划的编制

1.施工项目进度计划的分类

施工项目进度计划是在确定工程施工目标工期的基础上，根据相应的工程量,对各项施工过程的施工顺序、起止时间和相互衔接关系以及所需的劳动力和各种技术物资的供应所做的具体策划和统筹安排。

根据不同的划分标准,施工项目进度计划可以分为不同的种类,它们组成了一个相互关联相互制约的计划系统。按不同的计划深度划分,可以分为总进度计划、项目子系统进度计划与项目子系统中的单项工程进度计划;按不同的计划功能划分,可以分为控制性进度计划、指导性进度计划与实施性(操作性)进度计划;按不同的计划周期划分,可以分为五年建筑进度计划与年度、季度、月度和旬计划。

2.施工项目进度计划的表达方式

施工项目进度计划的表达方式有多种,在实际工程施工中,主要使用横道图和网络图。

(1)横道图

横道图是结合时间坐标线,用一系列水平线段来分别表示各施工过程的施工起止时间和先后顺序的图表。这种表达方式简单明了,直观易懂,但是也存在一些问题,如工序(工作)之间的逻辑关系不易表达清楚;适用于手工编制计划;没有通过严谨的时间参数计算,不能确定关键线路与时差;计划调整只能用手工方式进行,工作量较大;难以适应大的进度计划系统。

(2)网络图

网络图是指由箭线和节点组成,用来表示工作流程的有序的网状图形。这种表达方式具有以下优点:能正确地反映工序(工作)之间的逻辑关系;可以进行各种时间参数计算,确定关键工作、关键线路与时差;可以用电子计算机对复杂的计划进行计算、调整与优化。网络图的种类很多,较常用的是双代号网络图。双代号网络图是以箭线及其两端节点的编号表示工作的网络图。

3.施工项目进度计划的编制步骤

编制施工项目进度计划是在满足合同工期要求的情况下,对选定的施工方案、资源的供应情况,协作单位配合施工情况等所做的综合研究和周密部署,具体编制步骤如下:划分施工过程;计算工程量;套用施工定额;劳动量和机械台班量的确定;计算施工过程的持续时间;初排施工进度;编制正式的施工进度计划。

施工项目进度计划编制之后,应进行进度计划的实施。进度计划的实施就是落实并完成进度计划,用施工项目进度计划指导施工活动。

(二)施工项目进度计划的审核

在施工项目进度计划的实施之前,为了保证进度计划的科学合理性,必须对施工项目进度计划进行审核。

施工进度计划审核的主要内容如下:第一,进度安排是否与施工合同相符,是否符合施工合同中开工、竣工日期的规定;第二,施工进度计划中的项目是否有遗漏,内容是否全面,分期施工的是否满足分期交工要求和配套交工要求;第三,施工顺序的安排是否符合施工工艺、施工程序的要求;第四,资源供应计划是否均衡并满足进度要求;第五,劳动力、材料、构配件、设备及施工机具、水电等生产要素的供应计划是否能保证施工进度的实现,供应是否均衡,需求高峰期是否有足够能力实现计划供应;第六,总分包间的计划是否协调、统一;第七,总包、分包单位分别编制的各项施工进度计划之间是否相协调,专业分工与计划衔接是否明确合理;第八,对实施进度计划的风险是否分析清楚并有相应的对策;第九,各项保证进度计划实现的措施是否周到、可行、有效。

(三)施工项目进度计划的实施

施工项目进度计划的实施就是落实施工进度计划,按施工进度计划开展施工活动并完成施工项目进度计划。施工项目进度计划逐步实施的过程就是项目施工逐步完成的过程。为保证项目各项施工活动,按施工项目进度计划所确定的顺序和时间进行以及保证各阶段进度目标和总进度目标的实现,应做好下面的工作。

1.检查各层次的计划,进一步编制月(旬)作业计划

施工项目的施工总进度计划、单位工程施工进度计划、分部分项工程施工进度计划都是为了实现项目总目标而编制的,其中高层次计划是低层次计划编制和控制的依据,低层次计划是高层次计划的深入和具体化。在贯彻执行时,要检查各层次计划间是否紧密配合,协调一致。计

划目标是否层层分解,互相衔接,检查在施工顺序、空间及时间安排、资源供应等方面有无矛盾,以组成一个可靠的计划体系。

为实施施工进度计划,项目经理部将规定的任务与现场实际施工条件和施工的实际进度相结合,在施工开始前和实施中不断编制本月(旬)的作业计划,从而使施工进度计划更具体、更切合实际、更适应不断变化的现场情况和更可行。在月(旬)计划中要明确本月(旬)应完成的施工任务、完成计划所需的各种资源量及为提高劳动生产率,保证质量和节约的措施。

编制作业计划要进行不同项目间同时施工的平衡协调;确定对施工项目进度计划分期实施的方案;施工项目要分解为工序,以满足指导作业的要求,并明确进度日程。

2.综合平衡,做好主要资源的优化配置

施工项目不是孤立完成的,它必须由人、财、物(材料、机具、设备)等资源在特定地点有机结合才能完成。同时,项目对各种资源的需要又是错落起伏的。因此,施工企业应在各项目进度计划的基础上进行综合平衡,编制企业的年度、季度、月旬计划,将各项资源在项目间动态组合,优化配置,以保证满足项目在不同时间对诸资源的需求,从而保证施工项目进度计划的顺利实施。

3.层层签订承包合同,并签发施工任务书

按前面已检查过的各层次计划,以承包合同和施工任务书的形式分别向分包单位、承包队和施工班组下达施工进度任务,其中,总承包单位与分包单位、施工企业与项目经理部、项目经理部与各承包队和职能部门、承包队与各作业班组间应分别签订承包合同,按计划目标明确规定合同工期及相互承担的经济责任、权限和利益。

另外,要将月(旬)作业计划中的每项具体任务通过签发施工任务书的方式向班组下达施工任务书。施工任务书是一份计划文件,也是一份核算文件,同时又是原始记录。它把作业计划下达到班组,并将计划执行与技术管理、质量管理、成本核算、原始记录、资源管理等融合为一体。施工任务书一般由班组长以计划要求、工程数量、定额标准、工艺标准、技术要求、质量标准、节约措施、安全措施等为依据进行编制。任务书下达给班组时,由班组长进行交底。交底内容为:交任务、交操作规程、交施工方法、交质量、交安全、交定额、交节约措施、交材料使用、交施工计划、交奖罚要求等,做到任务明确,报酬预知,责任到人。施工班组接到任务书后,应做好分工,安排完成,执行中要保质量,保进度,保安全,保节约,保工效提高。任务完成后,班组自检,在确认已经完成后,向专业工程师报请验收。专业工程师验收时查数量,查质量,查安全,查用工,查节约,然后回收任务书,交施工队登记结算。

4.全面实行层层计划交底,保证全体人员共同参与计划实施

在施工进度计划实施前,必须根据任务进度文件的要求进行层层交底落实,使有关人员都明确各项计划的目标、任务、实施方案、预控措施、开始日期、结束日期、有关保证条件、协作配合要求等,使项目管理层和作业层能协调一致工作,从而保证施工生产按计划、有步骤、连续均衡地进行。

5.做好施工记录,掌握现场实际情况

在计划任务完成的过程中,各级施工进度计划的执行者都要跟踪做好施工记录。在施工中,如实记载每项工作的开始日期、工作进程和完成日期,记录每日完成数量、施工现场发生的情况和干扰因素的排除情况,可为施工项目进度计划实施的检查、分析、调整、总结提供真实而准确的原始资料。

6.做好施工中的调度工作

施工中的调度是指在施工过程中针对出现的不平衡和不协调进行调整,以不断组织新的平衡,建立和维护正常的施工秩序。它是组织施工中各阶段、环节、专业和工种的互相配合与进度协调的指挥核心,也是保证施工进度计划顺利实施的重要手段。其主要任务是监督和检查计划实施情况,定期组织协调会,协调各方协作配合关系,采取措施,消除施工中出现的各种矛盾,加强薄弱环节,实现动态平衡,保证作业计划完成及进度控制目标的实现。

协调工作必须以作业计划与现场实际情况为依据,从施工全局出发,

按规章制度办事,必须做到及时准确、果断灵活。

7.预测干扰因素,采取预控措施

在项目实施前和实施过程中,应经常根据所掌握的各种数据资料,对可能致使项目实施结果偏离进度计划的各种干扰因素进行预测,并分析这些干扰因素所带来的风险程度,预先采取一些有效的控制措施,将可能出现的偏离尽可能消灭于萌芽状态[①]。

二、施工项目进度计划的检查

(一)施工项目进度计划检查的内容

在施工项目的实施过程中,为了进行施工进度管理,进度管理人员应经常性、定期地跟踪检查施工实际进度情况,主要是收集施工项目进度材料,进行统计整理和对比分析,确定实际进度与计划进度之间的关系。其主要工作包括以下内容。

1.跟踪检查施工实际进度

跟踪检查施工实际进度是分析施工进度、调整施工进度的前提。其目的是收集实际施工进度的有关数据。跟踪检查的时间、方式、内容和收集数据的质量将直接影响控制工作的质量和效果。

进度计划检查应按统计周期的规定进行定期检查,并应根据需要进行不定期检查。进度计划的定期检查包括规定的年、季、月、旬、周、日检查,不定期检查指根据需要由检查者(或组织)确定的专题(项)检查。检查内容应包括工程量的完成情况、工作时间的执行情况、资源使用及与进度的匹配情况、上次检查提出问题的整改情况以及检查者确定的其他检查内容。检查和收集资料的方式一般采用经常、定期地收集进度报表,定期召开进度工作汇报会,或派驻现场代表检查进度的实际执行情况等方式进行。

2.整理统计检查的数据

对收集到的施工项目实际进度数据要进行必要的整理,按施工进度计划管理的工作项目内容进行整理统计,形成与计划进度具有可比性的

---

①白文勇.市政道路工程施工技术现场管理[J].建材发展导向(上),2017(12):252-253.

数据。一般可以按实物工程量、工作量和劳动消耗量以及累计百分比整理和统计实际检查的数据,以便与相应的计划完成量对比。

3.将实际进度与计划进度进行对比分析

将收集的资料整理和统计成具有与计划进度可比性的数据后,将施工项目实际进度与计划进度进行比较。通常采用的比较方法有横道图比较法、S形曲线比较法、香蕉形曲线比较法、前锋线比较法等。

4.施工项目进度检查结果的处理

对施工进度检查的结果要形成进度报告,把检查比较的结果及有关施工进度现状和发展趋势提供给项目经理及各级业务职能负责人。进度控制报告一般由计划负责人或进度管理人员与其他项目管理人员协作编写。报告时间一般与进度检查时间相协调,也可按月、旬、周等间隔时间进行编写。进度报告的内容包括:进度执行情况的综合描述;实际进度与计划进度的对比资料;进度计划的实施问题及原因分析;进度执行情况对质量和成本等的影响情况;采取的措施和对未来计划进度的预测。进度报告可以单独编制,也可以根据需要与质量、成本、安全和其他报告合并编制,提出综合进展报告。

(二)施工项目进度计划检查的方法

1.横道图比较法

横道图比较法是把项目施工中检查实际进度收集的信息,经整理后直接用横道线并列标于原计划的横道线处,进行直观比较的一种方法。这种方法简明直观,编制方法简单,使用方便,是人们常用的方法。某钢筋混凝土基础工程分三段组织流水施工时,将其施工的实际进度与计划进度比较,如图6-2所示。

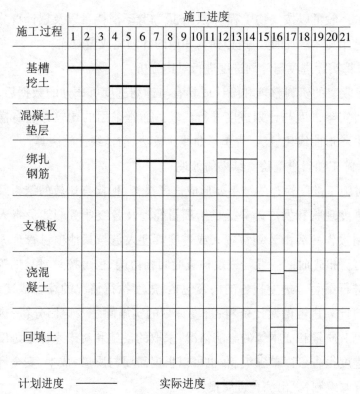

图6-2　实际进度与计划进度比较横道图

从比较中可以看出，第10天末进行施工进度检查时，基槽挖土施工应在检查的前一天全部完成，但实际进度仅完成了7 d的工程量，约占计划总工程量的77.8%，尚未完成而拖后的工程量约占计划总工程量的22.2%；混凝土垫层施工也应全部完成，但实际进度仅完成了2 d的工程量，约占计划总工程量的66.7%，尚未完成而拖后的工程量约占计划总工程量的33.3%；绑扎钢筋施工按计划进度要求应完成5 d的工程量，但实际进度仅完成了4 d的工程量，约占计划完成量的80%（约为绑扎钢筋工程量的44.4%），尚未完成而拖后的工程量占计划完成量的20%（约为绑扎钢筋总工程量的11.1%）。

2.S形曲线比较法

S形曲线比较法是在一个以横坐标表示进度时间，纵坐标表示累计完成任务量的坐标体系上，首先按计划时间和任务量绘制一条累计完成任务量的曲线(即S形曲线),然后将施工进度中各检查时间的实际完成任务量也绘在此坐标上,并与S形曲线进行比较的一种方法。

对于大多数工程项目来说,从整个施工全过程来看,其单位时间消耗的资源量通常是中间多而两头少,即资源的投入开始阶段较少,随着时间的增加而逐渐增多,在施工中的某一时期达到高峰后又逐渐减少直至项目完成,其变化过程可用图6-3表示。而随着时间进展,累计完成的任务量便形成一条中间陡而两头平缓的S形变化曲线,故称S形曲线。

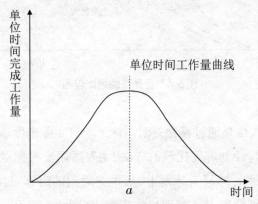

图6-3　时间与完成任务关系曲线

3.香蕉形曲线比较法

香蕉形曲线实际上是两条S形曲线组合成的闭合曲线,如图6-4所示。一般情况下,任何一个施工项目的网络计划都可以绘制出两条具有同一开始时间和同一结束时间的S形曲线:其一是计划以各项工作的最早开始时间安排进度所绘制的S形曲线,简称ES曲线;其二是计划以各项工作的最迟开始时间安排进度所绘制的S形曲线,简称LS曲线。由于两条S形曲线都是相同的开始点和结束点,因此两条曲线是封闭的。除此之外,ES曲线上各点均落在LS曲线相应时间对应点的左侧,由于这两条曲线形成一个形如香蕉的曲线,故称为香蕉形曲线。只要实际完成量曲线在两条曲线之间,就不影响总的进度。

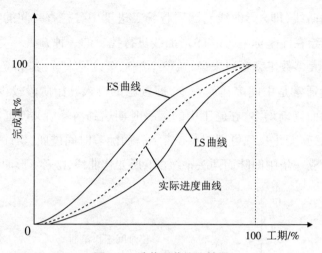

图6-4 香蕉形曲线比较图

4.前锋线比较法

前锋线比较法是通过某检查时刻施工项目实际进度前锋线进行施工项目实际进度与计划进度比较的方法，主要适用于时标网络计划。所谓前锋线是指在原时标网络计划上，从检查时刻的时标点出发，依次将各项工作实际进展位置点连接而成的折线，如图6-5所示。前锋线比较法就是按前锋线与工作箭线交点的位置来判定施工实际进度与计划进度的偏差。凡前锋线与工作箭线的交点在检查日期的右方，表示提前完成计划进度；若其点在检查日期的左方，表示进度拖后；若其点与检查日期重合，表明该工作实际进度与计划进度一致。

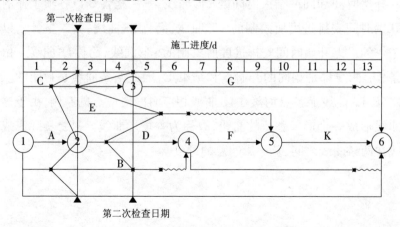

图6-5 某施工项目进度前锋线图

5.列表比较法

当采用无时间坐标网络计划时,也可以采用列表比较法。该方法是将检查时正在进行的工作名称和已进行的天数列于表内,然后在表上计算有关参数,再依据原有总时差和尚有总时差判断实际进度与计划进度的差别及分析对后期工作及总工期的影响程度,见表6-1。

表6-1　列表比较法

工作代号	工作名称	检查计划时尚需作业天数	至计划最迟完成时间尚余天数	原有总时差	尚余总时差	情况判断

三、施工项目进度计划的调整

(一)分析进度偏差对后续工作及总工期的影响

当实际进度与计划进度进行比较,判断出现偏差时,首先应分析该偏差对后续工作和对总工期的影响程度,然后才能决定是否调整以及调整的方法与措施。具体分析步骤如下所述。

1.分析出现进度偏差的工作是否为关键工作

若出现偏差的工作为关键工作,则无论偏差大小,都将影响后续工作按计划施工,并使工程总工期拖后,必须采取相应措施调整后期施工计划,以便确保计划工期;若出现偏差的工作为非关键工作,则需要进一步将偏差值与总时差和自由时差进行比较分析,才能确定对后续工作和总工期的影响程度。

2.分析进度偏差时间是否大于总时差

若某项工作的进度偏差时间大于该工作的总时差,则将影响后续工作和总工期,必须采取措施进行调整;若进度偏差时间小于或等于该工作的总时差,则不会影响工程总工期,但是否影响后续工作,尚需分析此偏差与自由时差的大小关系才能确定。

3.分析进度偏差时间是否大于自由时差

若某项工作的进度偏差时间大于该工作的自由时差,说明此偏差必然对后续工作产生影响,应该如何调整,应根据后续工作的允许影响程度而定;若进度偏差时间小于或等于该工作的自由时差,则对后续工作毫无影响,不必调整。

分析偏差主要是利用网络计划中总时差和自由时差的概念进行判断。由时差概念可知,当偏差大于该工作的自由时差,而小于总时差时,对后续工作的最早开始时间有影响,对总工期无影响;当偏差大于总时差时,对后续工作和总工期都有影响。

(二)施工项目进度计划的调整方法

在对实施的进度计划分析的基础上,应确定调整原计划的方法,一般主要有以下几种。

1.改变某些工作间的逻辑关系

若检查的实际施工进度产生的偏差影响了总工期,在工作之间的逻辑关系允许改变的条件下,可以改变关键线路和超过计划工期的非关键线路上的有关工作之间的逻辑关系,达到缩短工期的目的。用这种方法调整的效果是很显著的。例如,可以把依次进行的有关工作改成平行的或相互搭接的以及分成几个施工段进行的流水施工等,都可以达到缩短工期的目的。

2.缩短某些工作的持续时间

这种方法是不改变工作之间的逻辑关系,而是缩短某些工作的持续时间,使施工进度加快,并保证实现计划工期的方法。那些被压缩持续时间的工作是由于实际施工进度的拖延而引起总工期增长的关键线路和某些非关键线路上的工作,可压缩持续时间的工作。

3.资源供应的调整

如果资源供应发生异常(供应满足不了需求),应采用资源优化方法对计划进行调整,或采取应急措施,使其对工期影响最小化。

4.增减工程量

增减工程量主要是指改变施工方案、施工方法,从而导致工程量的增加或减少。

5.起止时间的改变

起止时间的改变应在相应工作时差范围内进行。每次调整必须重新计算时间参数,观察该项调整对整个施工计划的影响。调整时可采用下列方法:将工作在其最早开始时间和其最迟完成时间范围内移动,延长工作的持续时间,缩短工作的持续时间。

(三)施工项目进度计划的调整措施

施工项目进度计划调整的具体措施包括以下几种。

1.组织措施

组织措施主要有:①增加工作面,组织更多的施工队伍;②增加每天的施工时间(如采用三班制等);③增加劳动力和施工机械的数量;④将依次施工关系改为平行施工关系;⑤将依次施工关系改为流水施工关系;⑥将流水施工关系改为平行施工关系。

2.技术措施

技术措施主要有:①改进施工工艺和施工技术,缩短工艺技术间歇时间;②采用更先进的施工方法,以减少施工过程的数量(如将现浇框架方案改为预制装配方案);③采用更先进的施工机械。

3.经济措施

经济措施主要有:①实行包干奖励,②提高奖金数额,③对所采取的技术措施给予相应的经济补偿。

4.其他配套措施

其他配套措施主要有:①改善外部配合条件,②改善劳动条件,③实施强有力的调度等。

第三节　施工成本管理

一、工程成本分解

工程成本分解,主要是指施工企业将构成工程施工总成本的各项成本因素,根据市场经济及项目施工的客观规律进行科学合理地分开,为成本管理及控制、考核提供客观依据的一项十分重要的成本管理基础工作。一般来说,工程成本应从以下几个方面来分解。

(一)项目部责任成本

项目部责任成本等于项目部所属施工队伍(包括协作队伍)的工、料、机生产费用和施工现场其他管理与项目部本级机构开支之总和。

项目部责任成本由企业与项目部根据项目工程特征、投标报价、项目部机构设置、自有施工队和协作队伍等各方面情况,深入进行社会市场及施工现场调研后综合分析计算而来。

1.项目部所属施工队伍(包括承包协作队伍)成本

当投标中标之后,施工企业应根据工程项目所在地的实际情况,再次对各项施工生产要素(主要指工、料、机)的市场价格进行现场调研,根据切实可行的施工技术方案及有关规定要求,并按工程量清单提供的工程数量,重新计算出由项目经理部组织工程项目施工时的市场实际施工总价款。实际施工总价款实际上就是项目经理部(不含项目部)以下的全部费用(即项目部所属施工队伍及协作队伍的工、料、机生产费用和施工现场其他管理费)。施工企业和项目经理只有以此为成本控制的基础依据,才能使工程项目施工成本管理及施工实际成本符合市场经济的客观规律。

在项目工程实施总价款的控制下,项目经理部可将各项工程分别具体划分落实到各施工队(自有施工队和协作队),并建立工程项目施工分户表,明确各施工队施工项目、工程数量、施工日期、执行单价、执行总价、责任人等内容,这样,既将施工任务落实到各施工队,又将执行价格予以明确控制并落实到责任人,同时还可防止因人为因素而产生的工程数量不清、执行价格混乱等问题。

无论是自有施工队,还是承包协作队,都要在项目经理部直接管理之下,切实加强工程质量、施工进度和施工安全的管理,并使其符合有关规定要求,在此前提下,项目经理部根据各施工队完成的实物工程量按实施执行价格计量拨付工程款。一般来说,拨付给承包单位的工程进度款要低于其实际工程进度,并扣留质量保证金,待维修期满后方可结账付清余款。当承包单位提交了银行预付款保函时,可按项目业主对项目预付款比例或略低于这一比例对承包单位预付工程款；否则，不能对承包单位预付工程款。

在当前的建筑市场工程施工承包中，一般有总包法和劳务承包法两种。总包法是指将中标工程项目中某些分项（单项）工程议定价格之后（包括工、料、机等全部费用），签订项目承包合同，由承包协作队伍承包完成项目施工任务。总包法项目经理部可以省心省事。但施工材料采购、原材料的检验试验、施工过程中的对外协调等事项，承包协作队可能难以胜任而导致影响施工进程。劳务承包法是指承包协作队只对某项工程施工中的人工费进行承包，完成项目施工任务①。

在近年的工程项目实践中，通常以劳务承包法对承包协作队进行工程施工承包，通过项目部与承包协作队有机配合来完成项目施工任务。具体来讲，就是将某项工程以劳务总包的形式承包给协作队，签订项目承包合同。在项目施工中，人工及人工费由承包协作队自行安排调用，项目经理部一般不予过问，但施工进度必须符合项目总体施工进度计划。施工用材料则由项目经理部代购代供，其费用计入承包工程费用之中。承包协作队要提供材料、使用计划（数量、规格、使用日期），项目经理部要制订材料采购制度，保质保量并以不高于工地现场的材料市场价格向承包协作队按期提供材料，确保顺利施工。这部分费用在成本分解时，可列为材料代办费项目，以便对材料使用数量及采购供应价格进行有效控制。同样，劳务队伍使用的机械设备由项目经理部提供并计入承包工程费用之中。

2.项目部本级机构开支

项目部本级机构开支的费用主要根据工程项目的大小、项目经理部人员的组成情况来综合考虑。由于项目经理部是针对某个工程项目而设置的临时性施工组织管理机构，一般随工程项目的完成而解体，因此，项目经理部的设置应力求精简高效，这样才有利于项目经济效益的提高。

项目部本级机构开支的费用主要包含间接费和管理费两大部分。间

①张玉兰.市政公用工程施工项目成本管理探微[J].装饰装修天地,2019(17):163.

接费主要包含项目部工作人员工资、工作人员福利费、劳动保护费、办公费、差旅交通费、固定资产折旧费和修理费、行政工具使用费等;管理费主要包含业务招待费、会议费、教育经费和其他费用。

项目部责任成本在项目工程成本中占有较大比重。在项目实施中,施工企业和项目经理部必须严格控制其各项费用在责任成本额定范围内开支,才能确保项目工程取得良好的经济效益,这是施工企业进行成本管理控制的关键所在。

(二)项目部上级机构成本

项目部上级机构成本是指项目摊给上级机构的各种管理费用与税金之和。

1.上级机构管理费

上级机构管理费主要是指项目部以上的各上级机构,为组织施工生产经营活动所发生的各种管理费用。主要包括管理人员基本工资、工资性津贴、职工福利费、差旅交通费、办公费、职工教育经费、行政固定资产折旧和修理费、技术开发费、保险费、业务招待费、投标费、上级管理费等各项费用。

上级机构管理费一般是根据上级机构设置情况及人员组成状况,采取总量控制的措施核定及控制费用开支的。目前,各级机构一般都是根据历年费用开支情况,进行数理统计分析后,逐级约定费额,并按规定要求上缴。上级机构管理费一般占项目工程中标价的6%~7%。

2.税金

税金按实际支付工程款,由企业缴纳,有的由业主统一代缴。税金应上缴国家,但它是成本的一个组成部分。

将项目工程成本分解成了项目部责任成本(项目部所属施工队伍成本与项目部本级机构开支之和)与项目部上级机构成本两大部分,对分解开来的这两大部分费用,可分别由项目经理部和项目经理部的上级机构(企业)来掌握控制,项目经理部在责任成本限额内组织自有施工队和协作队实施项目施工,企业对项目部进行全过程成本监控管理,指导项目部在责任成本费用之内完成项目施工任务。企业对自身的各项管理费用开支必须进行有效控制,最大限度地降低上级机构成本费用,从而全面提高企业综合经济效益。

实践证明,只要按上述方法计算和分解工程成本,做到责任明确,互不侵犯,并切实有效地进行控制管理,施工项目可以取得良好经济效益。

二、工程成本控制

(一)项目部工、料、机生产费及现场其他管理费控制

1.人工费控制

人工费发生在项目部所属施工队伍和协作队伍中。协作队伍的人工费包括在工程合同单价之中,不单独反映。项目部按合同控制协作队伍的人工费。其内部管理由协作队伍法人代表进行,项目部一般不再过问。

项目部所属自有施工队伍的人工费按预先编好的成本分解表中的人工费控制。应该注意到项目部自有施工队伍全年完成产值中的人工费总额应等于或大于他们全年的工资总额,否则人工费将发生亏损。另外,还要注意加强对零散用工的管理,注意提高劳动生产率、用工数量、工日单价等。

自有施工队伍人工费控制还应该注意:尽量减少非生产人工数量;注意劳动组合和人机配套;充分利用有效工作时间,尽量避免工时浪费,减少工作中的非生产时间。

2.材料数量和费用控制

在成本分解工作中已经计算好了全部工程所需各类材料的数量,确定好了材料的市场价格及总价。同时,已按自有施工队伍和协作队伍算好了完成指定工程所需的材料数量及总价,材料费用按此控制。

协作队伍所需材料数及总价已在协作合同文本上明确,节约归己,超支自负。因此,协作队伍的材料数量和总价应自行控制,自己负责。自有施工队伍应按承包责任书控制好材料数量和总价,实行节奖超罚的控制制度。自有施工队伍在材料数量和费用控制时应该注意:按定额或工地试验要求使用材料,不要超量使用;降低定额中可节约的场内定额消耗和场外运输损耗;回收可利用品;减少场内倒运或二次倒运费用。

项目部材料管理人员在材料数量和费用控制方面负有重要的责任。他们对外购材料的市场价格、材料质量要进行充分调查,做到货比三家,选择质优价廉、供货及时、信誉良好的材料生产厂家。尽量避免或减少中间环节。一般情况下,要保证材料的工地价不超过投标(中标)的材料单价。遇有材料价格上涨,超过中标价的情况,应做好情况记录,保存凭证,及时通过项目部向业主单位报告,争取动用预留费用中的"工程造价增涨预留费"。

项目部材料管理人员要建立完善、严密的材料出入库制度,保证出入库数量的正确。入库要点收、记账,要有质量文件。出库也要点付、记收,领用手续完备。项目部材料管理人员还要建立材料用户分账制度,对每一用户(各自有施工队伍、各协作队伍)应控制好材料数量及价款。对周转件材料(如脚手架、钢模板等)要设立使用规则,杜绝非正常损耗。

加强材料运输管理,防止运输过程中因人为因素丢失而引起的严重损耗。材料费用在工程项目成本中占有相当大的比重,有的项目发生亏损主要原因之一就是材料使用严重超量或有的材料采购价格高于市场平均水平。因此,项目经理及项目施工管理人员必须认真研究材料使用及采购中的问题,只有严格把住材料成本关,项目责任成本目标的实现才有充分的保障。

3.施工机械使用费的控制

施工机构使用费的控制主要是针对项目部自有施工队伍使用机械而言的。在成本分解工作中,已根据自有施工队施工项目特征计算出了所需各类施工机械及其使用台班数,项目经理部应按其机械使用费额,责任承包给自有施工队,并加强控制管理,确保其费用不得突破。

协作队伍的施工机械使用费已全部包含在议定的承包工程项目总体价格合同以内,一般不再单独计列。因此,协作队的施工机械使用费自行控制,自己负责。对自有施工队的施工机械使用费的控制主要应该注意以下几点。

(1)严格控制油料消耗

机械在正常工作条件下每小时的耗油量是有相对规律的,实际工作中,可以根据机械现有情况确定综合耗油指标,再根据当日需要完成的实际工作量供给油燃料,不宜以台班定额核算供给油料,从而控制油料耗用成本。

(2)严格控制机械修理费用

要有效地控制机械修理费用,首先应从提高机械操作工人的技术素质抓起。对机械使用要按规程正确操作,按环境条件有效使用,按保养规定经常维护保养。对一般小修小保,应由操作工人自行完成。对于大中型修理及重要零部件更换,操作工人必须报经机械主管,责任人召集有关人员"会诊",初步提出修理方案,报项目经理审批后才能进行大中型修理及重要零部件更换。对更换的零部件应由项目机械主管责任人验证。对修理费用也必须进行市场调研,多方比较后选定修理厂家并议定修理价格。有的项目经理部就因机械使用效率很低,而油料消耗过大以及修理费用过高,从而导致经济效益很差甚至亏损。

(3)按规定提取并上交折旧费

一般来说,大中型施工机械都属于企业的固定资产,当项目施工需要时,即调配到项目部使用。因此,项目部必须按规定要求提取其折旧费并如数上缴企业。

(4)机械租赁费的控制

当自身机械设备能力不能满足项目施工需要时,可向社会市场租赁机械来协助完成施工任务。目前,机械租赁一般有按工作量承包租赁、按台班租赁、按日(计时)租赁三种形式。按工作量承包租赁是比较好的办法,一般应采取这种方式;按日(计时)租赁是最不可取的,应该避免。因此,项目经理部在租赁机械时,要充分考虑到租赁机械的用途特征,选定适宜的租赁方式。对租赁机械价格要广泛进行市场调查,议定出合理的价格水平。对不能按时完成工作量承包租赁又难以用定额台班产量考核的特种机械,在租赁使用中,必须注意合理调度,周密安排,充分提高其使用效率。其租赁费用必须如实记入责任承包的机械使用费额之内。

（5）对外出租机械费用的控制

当自身机械设备过剩时，可视情况对外出租。在出租机械时，要根据机械工作特性选择合适的出租方式，拟定合理的出租价格，并签订租赁合同，同时还要注意防止发生"破坏性"使用问题。对出租赚取的经济收益应上缴企业。当协作队向项目部租赁施工机械设备时，同样要切实按照事先议定好的租赁方式和租赁价格签订租赁合同，其费用可直接从施工进度工程款中扣留。

4.工程质量成本的控制

工程质量成本是指为保证和提高工程质量而支出的一切费用以及未达到质量标准而产生的一切质量事故损失费用之和。由此可以看出，工程质量成本主要包含工程质量保证成本、工程质量事故成本两个方面。一般来说，质量保证成本与质量水平成正比关系，即工程质量水平越高，质量保证成本就越大；质量事故成本与质量水平成反比关系，即工程质量水平越高，质量事故成本就越低。施工企业追求的是质量高成本低的最佳工程质量成本目标。一般来说，工程质量成本可分解为预防成本、检测成本、工程质量事故成本、过剩投入成本等几个方面。

（1）预防成本

预防成本主要是指为预防质量事故发生而开展的技术质量管理工作，质量信息、技术质量培训以及为保证和提高工程质量而开展的一系列活动所发生的费用。质量管理水平较高的施工企业，这部分费用占质量成本费用的比重较大，是施工单位坚持"预防为主"质量方针的重要体现。如果施工作业层技术技能水平高，这部分费用相对就低；反之，这部分费用比较高。因此，施工企业应加强技术培训工作，全面提高施工操作人员的技术素质，一次培训投入可换取长久的经济效益。在选择协作队伍时，应充分注意技术素质及施工能力。这实际上也是降低成本的有效环节。

（2）检测成本

检测成本主要是对施工原材料的检验试验和对施工过程中工序质量、工程质量进行检查等发生的费用。这是预防及控制质量事故发生的基础,应根据工程项目实际需要配置检测设备及检测人员,增加现场质量检查频次。

（3）工程质量事故成本

工程质量事故成本主要是指因施工原因造成工程质量未达到规定要求而发生的工程返工、返修、停工、事故处理等损失费用。这部分费用随质量管理水平的提高而下降。自有施工队伍和协作单位应切实加强质量管理,各自负责工程项目施工质量,最大限度地把这项费用降到最低。一旦发生质量事故,既加大了质量成本,降低了经济效益,同时又造成了不良的社会影响。事实上,质量事故损失费用就是工程施工的纯利润,因此,在工程施工中,要严格把守各道工序的质量关,提高工程质量一次合格率,防止返工及质量事故的发生。当前,工程项目施工普遍推行社会监理制,但施工企业切不可因此而放松自身对工程质量的有效控制与管理,应做到自检符合要求后再提交监理检查验收,切实把工程质量事故消灭在萌芽状态,这样才能有效降低质量成本,提高经济效益。

（4）过剩投入成本

过剩投入成本主要是指在工程质量方面过多地投入物质资源而增加的工程成本。过剩投入成本的发生,实际上是质量管理水平不高的突出表现。在施工现场可以看到,有的施工人员在拌制砂浆混凝土时,通常以多投入水泥用量的方式来保证质量;有的砌筑工程设计要求用片石而施工中偏要用块石(有的甚至用料石)提高用料标准等,这都是典型的过剩投入增加工程成本的现象,这种做法是不宜提倡的。在实际施工中,我们应当严格按技术标准、施工规范、质量要求进行施工,片面加大物耗的做法不一定能创出优质工程,也是对工程质量内涵的曲意理解,应当引起项目经理、技术质量人员及施工管理人员和施工作业人员的高度注意。

5.施工进度对工程成本的影响

施工进度的快慢主要取决于工程项目总工期的要求。工程项目总工期一般来说是由工程项目建筑方(项目业主)确定的。业主在确定总工期时,应该充分考虑合理的工程施工进度。总工期过长,不利于投资效益的发挥;相反,总工期过短,会使施工企业疲于应付,引起劳动力、材料、施工机械设备的短期大量投入从而导致价格攀升,致使施工成本增加,尤其是在施工中期或中后期,如果建筑方突如其来地要求施工企业提前工期,将会更加严重地引起施工成本的大量增加。在合理的工程总工期条件下,施工企业和项目经理部应根据工程项目的施工特点来安排好施工进度,既能保证工程如期完工,又能保证资金合理运作。这是项目经理部和施工企业必须共同做好的一项重要工作。无原则地赶工,除了会影响工程质量,容易引发安全事故外,必然还会引起工程成本的大量增加。

6.加强现场安全管理

加强现场安全管理,防止安全事故发生,从而减小项目成本开支。确保施工现场人员的人身安全和机械设备安全是施工现场管理工作的重要内容。一个工程项目的工程利润通常被一两次安全事故耗损一空,因此,在项目施工中,千万不能忽视安全管理工作,切实防止因安全管理工作不到位而影响项目经济效益。

(二)项目部本级机构开支控制

项目部本级机构开支按预先编审后的成本分解表进行控制。

工作人员工资、福利、劳保费:应控制项目经理部人数,工作人员队伍应该是高效精干的,控制好工资福利、劳保标准。

差旅交通费:坚持出差申请制度,按规章标准核报差旅交通费,坚持领导审批制度。

业务招待费:坚持内外有别原则,对内从简,对外适度;杜绝高档消费;坚持招待申请和领导审批制度。

(三)项目部上级机构成本控制

项目部上级机构成本按预先编审后的成本分解表进行控制。项目部的各的上级机构开支控制,其重点控制项目和控制办法与项目本级机构开支控制相同。上缴税金,各项目部的税金由上级机构统一缴交。凡遇部分免税,则由项目部上级机构专列账户保存,经允许后方能作为利润的一部分动用。

三、工程成本考核与分析

(一)工程成本考核

施工过程中定期考核成本是成本控制的好方法。一般应该每隔2～3个月进行一次,直至工程结束。考核从最基层开始,也就是从自有施工队伍承包合同和协作队伍经济合同开始进行考核。考核工、料、机和其他现场管理费,考核经济合同执行情况。要认真进行工程、库存、资金等盘点工作。

要同时考核项目部本级机构和项目部上级机构的开支情况。凡发生超过分解额的各个部分,都要查找其超出原因。相反,对于有结余的部分,也要查清原因。总之,各个分项是盈是亏都要弄清真正原因,从而达到总结经验、克服缺陷的目的。

(二)项目资金运作分析

项目资金来源一般包括由业主单位已经拨入的工程预付款和进度款、施工企业拨入的资金或银行贷款及协作队伍投入的资金或银行存款。拖欠材料商的材料款、协作队的工程款、欠付自有施工队伍的人工费、现场管理费也可以视为项目资金的来源。

项目资金的去向一般包括支付给自有施工队伍和协作单位的工程款、付给材料商的材料款、上缴给项目部上级机构的各项费用、支付给业主单位的工程质保金及归还银行贷款利息等。工程施工过程中,承包人总希望能做到资金来源大于资金去向,有暂时积余,这对于保证工程顺利进行颇有益处。相反,资金来源小于资金去向时,施工过程中流动资金不足,形成多头拖欠(债务),影响工程顺利进行。遇到这种情况要具体分析,采取有效措施。例如,业主预付款不到位,前中期工程进度过慢,部分项目正在施工尚未验收计量,已经验收计量的项目业主方尚未拨款,企业自有资金或贷款不足等使得资金来源显得不足。又如,过早购入材料,机械设备闲置过多,造成资金积压,过早上缴项目部上级机构费用等。对于这些情况应及时采取措施扭转。

第七章 市政工程施工质量管理

第一节 质量管理概述

一、市政工程质量

(一)质量的概念

1.质量

质量是一组固有特性满足要求的程度。这里"固有特性"是指某事或某物本来就有的特性,尤其是那种永久特性,如强度、密度、硬度、绝缘性、导电性等。"要求"是指"明示的、通常隐含的或必须履行的需要或期望"。"明示的"可以理解为是规定的要求。"通常隐含"是指组织、顾客和其他相关方的管理或一般做法,所考虑的需要或期望是不言而喻的。"必须履行的"是指法律法规的要求及强制性标准的要求。这里明确地指出除考虑满足顾客的需求外,还应考虑组织自身的利益,提供原材料和零部件的供方的利益和社会利益(如安全性、环境保护、节约能源等)多方需求。

质量概念的关键是"满足要求",这些"要求"必须转化为有指标的特性,作为评价、检验和考核的依据。由于顾客的要求是多种多样的,所以反映产品的特性也是多种多样的。它包括性能、适用性、可信性(可用性、可靠性、维修性)、安全性、环境、经济性和美学。质量特性有的是可以测量的,有的是不能够测量的。实际工作中必须把不可测量的特性转换成可以测量的代用特性。

"满足要求"是满足谁的要求呢? 是满足"顾客"的要求。"顾客"是指接受产品的组织或个人。因此质量必须以顾客的要求为始点,以顾客的满意为终点。

　　产品质量从"满足标准规定"发展到现在的,"让顾客满意",这是一个进步,再发展到"超越顾客的期望"这是一个要求更高的新阶段。不同的顾客有不同的要求,同一顾客在不同时间、不同地点其要求也是在变化的。作为组织就应主动去了解、发现、掌握这些变化了的要求,并满足这些要求,特别是那些隐含的要求,这一点才是最难的。像城区具有景观及排水功能的河道工程中的驳坎砌筑,过去要求"满足标准规定"就可以了,即平整度、顺直度要达到标准规定的要求,其偏差不要超过允许偏差,这比较容易做到。而现在要求块石砌筑要做到大小搭配、错落有致,各种线条的搭配组合形成曲线美,色彩的选择与周边环境协调形成自然美。再点缀一些建筑小品,加上绿化并结合当地的人文景观,使其具备生态功能。这些要求在图纸或文件中都不是很具体、很详细,这就要求企业具有更高的质量管理水平,管理人员和操作人员具有更高的文化修养和更高的技术素质。

　　质量又是"动态性"的,质量要求不是固定不变的,随着技术的发展、生活水平的提高,人们对产品、过程或体系会不断提出新的质量要求。因此要定期评定质量要求,修订规范,不断开发新产品、改进老产品,以满足已变化的质量要求[①]。

　　同时还应注意质量的"相对性",不同国家不同地区因自然环境条件不同、技术发达程度不同、消费水平不同和风俗习惯不同,会对产品提出不同的要求,产品应具有这种环境的适应性,对不同地区应提供具有不同性能的产品,以满足该地区用户的"明示、隐含的需求"。相对又是因比较而存在的,比较应注意在同一个"等级"的基础上进行比较。等级高并不意味着质量一定好,等级低也并不意味着质量一定差。

　　国务院颁布实施的《建设工程质量管理条例》,对于加强工程质量管理的一系列重大问题做出了明确的规定,对建设单位、勘察设计单位、施工单位和监理单位的质量责任及其在实际工作中容易出现问题的重要

①李燕,孙海枫. 市政工程质量检测[M]. 成都:西南交通大学出版社,2016.

环节做出了明确的规定,依法实行责任追究,形成了保证工程质量的责任体系。《建设工程质量管理条例》的颁布实施,为保证建设工程质量,在管理上必须有一套有效的、现代化的、科学先进的质量管理、监督和预控体系以及系统管理制度和方法。这些管理方法中,关键的两点是认真开展全面质量管理和贯彻质量标准,建立以项目为核心的健全质量管理体系。

质量也是企业的生命,一个企业只有在保证质量的前提下才能创造较好的经济效益和社会效益,企业才能得到较好的发展。我国在建设事业上一贯坚持"质量第一、预防为主"的方针,强调质量在建设事业上的重要性。同时质量又是与人们的生活和生产活动息息相关的,特别是建设工程的质量还与人们和生命安全密切相关,如果质量不好不仅会影响到企业的生存和发展,还会给国家的经济和人民的生命财产带来巨大的损失,直接影响国家经济建设的速度。质量不好是最大的浪费,它会增加返修、加固、补强等人工、材料、能源的消耗,还会增加维修、改造费用,缩短使用寿命。

2.工程质量

工程质量是指承建工程的使用价值,工程满足社会需要所必须具备的质量特征。它体现在工程的性能、寿命、可靠性、安全性和经济性等方面。

性能是指对工程使用目的提出的要求,即对使用功能方面的要求。应从内在的和外观两个方面来区别,内在质量多表现在材料的化学成分、物理性能及力学特征等方面。

寿命是指工程正常使用期限的长短。

可靠性是指工程在使用寿命期限和规定的条件下完成工作任务能力的大小及耐久程度,是工程抵抗风化、有害侵蚀、腐蚀的能力。

安全性是指建设工程在使用周期内的安全程度,是否对人体和周围环境造成危害。

经济性是指效率、施工成本、使用费用、维修费用的高低,包括能否按合同要求,按期或提前竣工,工程能否提前交付使用,尽早发挥投资效益等。

上述质量特征,有的可以通过仪器测试直接测量而得,如产品性能中的材料组成、物理力学性能、结构尺寸、垂直度、水平度,它们反映了工程的直接质量特征。在许多情况下,质量特性难以定量,且大多与时间有关,只有通过使用才能最终确定,如可靠性、安全性、经济性等。

3.工序质量

工序质量也称施工过程质量,指施工过程中劳动力、机械设备、原材料、操作方法和施工环境等五大要素对工程质量的综合作用过程,也称生产过程中五大要素的综合质量。在整个施工过程中,任何一个工序的质量存在问题,整个工程的质量都会受到影响,为了保证工程质量达到质量标准,必须对工序质量给予足够注意。必须掌握五大要素的变化与质量波动的内在联系,改善不利因素,及时控制质量波动,调整各要素间的相互关系,保证连续不断地生产合格产品。

4.工作质量

工作质量是指建筑企业为达到建筑工程质量标准所做的管理工作、组织工作、技术工作的效率和水平。

工作质量的好坏是建筑工程的形成过程的各方面各环节工作质量的综合反映,而不是单纯靠质量检验检查出来的。为保证工程质量,要求有关部门和人员精心工作,对决定和影响工程质量的所有因素严加控制,即通过工作质量来保证和提高工程质量。

质量管理的首要任务是确定质量方针、目标和职责,核心是建立有效质量管理体系,通过具体的四项基本活动,即质量策划、质量控制、质量保证和质量改进确保质量方针的实施和目标的实现。

(二)质量特性

质量不仅是指产品质量,也可以是某项活动或过程的工作质量(服务质量),在工程上也可以是工序质量,还可以是质量管理体系运行的质量。

1.产品质量特性

产品的特性有:第一,内在特性,如结构、性能、精度、化学成分等;第二,外在特性,如外观、形状、色泽、气味、包装等;第三,经济特性,如成本、价格、使用费用、维修时间和费用等;第四,商业特性,如交货期、保修期等;第五,其他方面的特性,如安全、环境等。

质量的适用性就是建立在质量特性的基础之上的。

2.服务质量特性

服务质量特性是服务产品所具有的内在特性。一般来说,服务特性可以分为服务的时间性、功能性、安全性、经济性、舒适性和文明性六种类型。不同的服务对各种特性要求的侧重点会有所不同。

(三)质量标准及其性质

1.质量标准

标准应以科学、技术和经验的综合成果为基础,以促进最佳社会效益为目的。

质量标准就是为在一定的范围内获得最佳秩序,对质量活动或其结果规定共同的(统一的)和反复使用的规则、导则或特性文件。该文件经协商一致制定并经一个公认的机构批准。"标准"是可重复和普遍应用的,也是公众可以得到的文件。

2.标准分级

(1)国际标准

国际标准是指国际标准化组织、国际电工委员会以及其他国际组织所制定的标准。其中国际标准化组织权威性最高,它成立于1947年,现已制定一万多个标准,主要涉及各个行业各种产品的技术规范。

(2)国家标准

国家标准是由国务院标准化行政主管部门制定的标准。我国国家标准代号分为 GB 和 GB/T。国家标准的编号由国家标准的代号、国家标准发布的顺序号和国家标准发布的年号(发布年份)构成。GB代号国家标准含有强制性条文及推荐性条文,当全文强制时不含有推荐性条文,GB/T代号国家标准为全文推荐性。

(3)行业标准

行业标准又称为部颁标准,由国务院有关行政主管部门制定并报国务院标准行政主管部门备案,在公布国家标准之后,该项行业标准即行废止。当某些产品没有国家标准而又需要在全国某个行业范围内统一技术要求,则可以制定行业标准。

(4)企业标准

企业标准主要是针对企业生产的产品没有国家标准和行业标准时,制定企业标准作为组织生产的依据而产生的。企业的产品标准须报当地政府标准化行政主管部门和有关行政主管部门备案。已有国家标准或者行业标准的,国家鼓励企业制定严于国家标准或者行业标准的企业标准。

企业标准的制定一般是:第一,没有相应的国家标准、行业标准时,自行制定的标准作为组织生产的依据。如新开发研制出的新产品,并已通过鉴定批准生产的产品。通过省级科技部门组织的鉴定和由相应的政府行政主管部门批准是此标准执行的前提,并应有关于产品的使用说明。第二,在有相应的国家标准、行业标准和地方标准时,国家鼓励企业在不违反相应强制性标准的前提下,制定充分反映市场、用户和消费者要求的,严于国家标准、行业标准和地方标准的企业标准,在企业内部适用。

3.标准性质

《中华人民共和国标准化法》规定,国家标准、行业标准分为强制性标准和推荐性标准。

保障人体健康、人身、财产安全的标准和法律、行政法规规定强制执行的标准是强制性标准,其他标准是推荐性标准。

(1)强制性标准

强制性标准是指具有法律属性,在一定范围内通过法律、行政法规等强制手段加以实施的标准。

《中华人民共和国标准化法》规定:"强制性标准,必须执行。不符合强制性标准的产品,禁止生产、销售和进口。"强制性标准,必须在生产建设中严格执行。违反强制性标准就是违法,就要受到法律的制裁。

强制性标准又分为全文强制式和条文强制式:①全文强制式标准的

全部技术内容需强制执行;②条文强制式标准中部分技术内容(条款)需要强制执行。

过去我国在这一问题上不很明确,我国的强制性标准几乎都是条文强制式,而在具体条款上又未明确哪些条款是强制性的,所以在操作上特别是在执法上带来一定的困难。

"强制性条文"是从过去那些强制性标准中摘编出全部需要强制执行的条款,是现在执行的全文强制式的强制性标准。"强制性条文"的产生也是深化改革与世界接轨的需要。在其他国家,特别是发达国家,建设市场质量控制是通过技术法规和技术标准来实现的。技术法规是强制性的,由政府通过法律手段来管的,而技术标准是推荐性的,通过合同、经济等手段来管的。现在我国的"强制性条文"就相当于其他国家的技术法规。

从内容上来讲"强制性条文"是那些直接涉及工程安全、人体健康、人身和财产安全、环境保护和公共利益的部分,同时考虑了保护资源、节约投资、提高经济效益和社会效益等政策要求。

(2)推荐性标准

推荐性标准是强制性标准以外的标准。推荐性标准是非强制执行的标准,国家鼓励企业自愿采用推荐性标准。它相当于其他国家的"技术标准",是政府不用法律和行政手段管理的标准。

那么推荐性标准既然不存在法律性,又是自愿采用的,可不可以不采用呢?答案是"不可以"。推荐性标准是依据技术和经验制订的文件,是在兼顾各方利益的基础上协商一致制订的文件。它的生命力主要依靠技术上的权威性、可靠性、先进性从而获得信赖。它是通过经济手段调节而自愿采用的标准。换句话说,这类标准别的单位、企业都在执行,而某一单位不执行,不执行虽不会受到政府的干涉、法律法规的处治,但在一定程度上会受到经济的制裁,企业的经济效益会受到影响,企业的活动空间、生存空间会受到限制,所以理论上说虽然是自愿采用的标准,但实际上几乎也是各个企业、人人都采用的标准。

二、市政工程质量管理

(一)质量管理的基本概念

质量管理是企业围绕着使产品质量能满足不断更新的质量要求,而开展的策划、组织、计划、实施、检查和监督、审核等所有管理活动的总和。它是企业各级职能部门领导的职责,而由企业最高领导者负全责,并应调动与质量有关的所有人员的积极性,共同做好本职工作,才能完成质量管理的任务。

(二)质量管理的主要职能

质量管理是企业经营、生存、发展必须具有的一种综合性管理活动,是各级管理者的职责,涉及企业的所有成员。通过建立质量体系,开展质量策划、质量控制、质量保证和质量改进等活动,有效地实现质量方针、质量目标,获得期望的质量水平。其主要职能如下。

1.制定质量方针和质量目标

质量方针是指"由组织的最高管理者正式发布的该组织总的质量宗旨和方向"。它是企业总方针的组成部分,是企业管理者对质量的指导思想和承诺,企业最高管理者应制订质量方针并形成文件。质量方针的基本要求应包括供方的组织目标及顾客的期望和需求,也是供方质量行为的准则。质量目标是质量方面所追求的目的,它以组织的质量方针制订。质量目标是质量方针的具体体现,目标既要先进,又要可行,便于实施和检查。

2.确定质量职责和权限

企业最高管理者明确质量方针,是对用户的质量承诺。要使各有关部门和人员理解、执行,就需对所有质量管理、执行和验证人员,特别是对需要独立行使权力防止、消除不合格以及对不合格品实施控制和处理的人员,在其授权范围内,能自主做出相应决定的人员,都应用文件明确其职责、权限和相互关系,以便按期望的要求实现规定的质量目标。

3.建立质量管理体系并使其有效运行

企业建立质量管理体系是质量管理的基础,使之组织落实,有资源保障并有具体的工作内容,对产品质量形成的全过程实施控制。

一个组织建立的质量体系应既满足本组织管理的需要，又满足顾客对本组织的质量体系要求，但主要目的应是满足本组织管理的需要。顾客仅仅评价组织质量体系中与顾客订购产品有关的部分，而不是组织质量体系的全部。

（三）质量管理的特点

市政工程施工涉及面广，是一个极其复杂的综合过程，再加上施工位置固定、整体性强、建设周期长、受自然条件影响大等特点，因此，市政工程施工质量管理比一般工业产品的质量管理更难以实施，其特征主要表现在以下方面。

1.影响质量的因素多

如设计、材料、机械、地形、地质、水文、气象、施工工艺、操作方法、技术措施、管理制度等，均直接影响施工项目的质量。

2.容易产生质量变异

因项目施工不像工业产品生产，有固定的自动性和流水线、规范化的生产工艺和完善的检测技术、成套的生产设备和稳定的生产环境，有相同系列规格和相同功能的产品。同时，由于影响施工项目质量的偶然性因素和系统性因素都较多，因此，很容易产生质量变异。如材料性能微小的差异、机械设备正常的磨损、操作微小的变化、环境微小的波动等，均会引起偶然性因素的质量变异；当使用材料的规格、品种有误，施工方法不妥，操作不按规程，机械故障，仪表失灵，设计计算错误等，都会引起系统性因素的质量变异，造成工程质量事故。为此，在施工中要严防出现系统性因素的质量变异；要把质量变异控制在偶然性因素范围内。

3.容易产生第一、二判断错误

由于施工工序交接多，中间产品多，隐蔽工程多，若不及时检查实质，事后再看表面，就容易产生第二判断错误，也就是说，容易将不合格的产品，认为是合格的产品；反之，若检查不认真，测量仪表不准，读数有误，就会产生第一判断错误，也就是说容易将合格产品，认为是不合格的产品。这点，在进行质量检查验收时，应特别注意。

4.质量检查不能解体、拆卸

工程项目建成后,不可能像某些工业产品那样,再拆卸或解体检查内在的质量,或重新更换零件;及时发现质量有问题,也不可能像工业产品那样实行"包换"或"退款"。

5.质量要受投资、进度的制约

工程施工质量受投资、进度的制约较大,如一般情况下,投资大、进度慢,质量就好;反之,质量则差。因此,项目在施工中,还必须正确处理质量、投资、进度三者之间的关系,使其达到对立的统一。

(四)质量管理的原则

在市政工程施工质量管理过程中,应遵循以下原则。

1.质量第一,用户至上

社会主义商品经营的原则是"质量第一,用户至上"。市政产品作为一种特殊的商品,使用年限较长,是"百年大计",直接关系到人民生命财产的安全。所以,在施工过程中应自始至终地把"质量第一,用户至上"作为质量控制的基本原则。

2.以人为核心

人是质量的创造者,质量控制必须"以人为核心",把人作为控制的动力,调动人的积极性、创造性;增强人的责任感,树立"质量第一"观念;提高人的素质,避免人的失误;以人的工作质量确保工序质量、工程质量。

3.以预防为主

"以预防为主",就是要从对质量的事后检查把关,转向对质量的事前控制、事中控制,从对产品质量的检查,转向对工作质量的检查、对工序质量的检查、对中间产品的质量检查。这是确保施工质量的有效措施。

4.用数据说话

坚持质量标准、严格检查,一切用数据说话。质量标准是评价产品质量的尺度,数据是质量控制的基础和依据。产品质量是否符合质量标准,必须通过严格检查,用数据说话。

5.贯彻科学、公正、守法的职业规范

市政施工企业的项目经理,在处理质量问题过程中,应尊重客观事实,尊重科学,正直、公正,不持偏见;遵纪、守法,杜绝不正之风;既要坚持原则、严格要求、秉公办事,又要谦虚谨慎、实事求是、以理服人、热情帮助。

(五)质量管理程序

市政工程施工现场质量管理应按下列程序实施:进行质量策划,确定质量目标;编制质量计划;实施质量计划;总结项目质量管理工作,提出持续改进的要求。

(六)质量管理的发展过程

质量是一个永恒的概念,质量管理也随着时代的发展而不断发展。工业时代以前的质量管理主要靠手工操作者本人依据自己的手艺和经验来把关,被称为"操作者的质量管理"。

质量管理作为一门科学是20世纪的事情。20世纪,人类跨入了以"加工机械化、经营规模化、资本垄断化"为特征的工业化时代,在过去的整整一个世纪中质量管理的发展大致经历了质量检验、统计质量控制、全面质量管理三个阶段。

1.质量检验阶段

是采用各种检验设备和仪表,严格把关,进行100%检验。逐渐将质量管理责任由操作者转移到工长再转移到专职检验人员,称为"检验员的质量管理"。

这种质量管理主要是事后检验把关,无法在生产过程中起到预防、控制作用,废品已成事实,很难补救。

2.统计质量控制阶段

这一阶段的特征是数理统计方法与质量管理的结合。

20世纪40年代以后,统计质量管理才得到广泛应用。美国军政部门组织了一批专家和工程技术人员,于1941—1942年间先后制定并公布了Z1.1《质量管理指南》、Z1.2《数据分析用控制图法》、Z1.3《生产过程中质量管理控制图法》,强制向生产武器的厂商推行,收到显著效果。但是统计质量管理也存在缺陷,它过分强调质量控制的统计方法,对质量的控制和管理只局限于制造和检验部门,忽视了其他部门工作对质量的影响,这样就不能发挥各个部门和广大员工的积极性,制约了它的推广和运用。

3.全面质量管理阶段

20世纪50年代以来,生产力迅速发展,科学技术日新月异。火箭、宇宙飞船、人造卫星等大型、精密、复杂的产品出现,对产品的安全性、可靠性、经济性等要求越来越高,质量问题更为突出。要求人们运用"系统工程"的概念,把质量问题作为一个有机整体加以综合分析研究,实施全员、全过程、全企业的管理。

20世纪60年代在管理理论上出现了"行为科学论",主张改善人际关系,调动人的积极性,突出"重视人的因素",注意人在管理中的作用。随着市场竞争,尤其国际市场竞争的加剧,各国企业都很重视"产品责任"和"质量保证"的问题,都加强内部质量管理,确保生产的产品安全、可靠。由于上述情况的出现,仅仅依靠质量检验和运用统计方法已难以保证和提高产品质量,这就促使"全面质量管理"的理论逐步形成。最早提出全面质量管理概念的是美国通用电气公司质量经理菲根堡姆。1961年,他发表了他的第一本著作《全面质量管理》。20世纪60年代以来,菲根堡姆的全面质量管理概念逐步被各国所接受,在运用时各有所长,我国自1978年推行全面质量管理,在实践上、理论上都有所发展,也有待进一步探索、总结、提高。

（七）质量管理体系

质量管理体系,是指"在质量方面指挥和控制组织的管理体系"。它致力于建立质量方针和质量目标,并为实现质量方针和质量目标确定相关的过程、活动和资源。质量管理体系主要在质量方面能帮助组织提供持续满足要求的产品,以满足顾客和其他相关方的需求。组织的质量目标与其他管理体系的目标,如财务、环境、职业、卫生与安全等的目标应是相辅相成的。因此,质量管理体系的建立要注意与其他管理体系的整合,以方便组织的整体管理,其最终目的应使顾客和相关方都满意。

组织可通过质量管理体系来实施质量管理,质量管理的中心任务是建立、实施和保持一个有效的质量管理体系并持续改进其有效性。

按照《质量管理体系——基础和术语》(GB/T 19000—2000),建立一个新的质量管理体系或更新、完善现行的质量管理体系,一般应按照下列程序进行。

1.企业领导决策

企业主要领导要下决心走质量效益型的发展道路,要切实建立质量管理体系。建立质量管理体系是涉及企业内部很多部门参加的一项全面性的工作,如果没有企业主要领导亲自领导、亲自实践和统筹安排,是很难做好这项工作的。因此,领导真心实意地要求建立质量管理体系,是建立健全质量管理体系的首要条件。

2.编制工作计划

工作计划包括培训教育、体系分析、职能分配、文件编制、配备仪器、仪表设备等内容。

3.分层次教育培训

组织学习《质量管理体系——基础和术语》(GB/T 19000—2000)系列标准,结合本企业的特点,了解建立质量管理体系的目的和作用,详细研究与本职工作有直接联系的要素,提出控制要素的办法。

4.分析企业特点

结合市政企业的特点和具体情况,确定采用哪些要素和采用程度。确定的要素要对控制工程实体质量起主要作用,能保证工程的适用性、符合性。

5.落实各项要素

市政企业在选好合适的质量管理体系要素后,要进行二级要素展开,制订实施二级要素所必需的质量活动计划,并把各项质量活动落实到具体部门或个人。

6.编制质量管理体系文件

质量管理体系文件按其作用可分为法规性文件和见证性文件两类。质量管理体系法规性文件是用以规定质量管理工作的原则,阐述质量管

理体系的构成,明确有关部门和人员的质量职能,规定各项活动的目的
要求、内容和程序的文件。在合同环境下这些文件是供方向需方证实质
量管理体系适用性的证据。质量管理体系的见证性文件是用以表明质
量管理体系的运行情况和证实其有效性的文件(如质量记录、报告等)。
这些文件记载了各质量管理体系要素的实施情况和工程实体质量的状
态,是质量管理体系运行的见证。

第二节　市政工程质量控制

一、质量控制的概念

质量控制是指为达到施工质量要求采取的作业技术和活动。工程施
工质量要求则主要表现为工程合同、设计文件、技术规范规定的质量标
准。因此,工程质量控制就是为了保证达到工程合同设计文件和标准规
范规定的质量标准而采取的一系列措施、手段和方法。

市政工程施工质量控制按其实施者不同,包括几方面:一是业主方面
的质量控制;二是政府方面的质量控制;三是承建商方面的质量控制。
这里的质量控制主要施工现场,也就是承建商方面的内部的、自身的控
制[①]。

二、质量控制目标

一般说来,市政工程施工质量控制的目标要求如下:第一,工程设计
必须符合设计承包合同规定的规范标准的质量要求,投资额、建设规模
应控制在批准的设计任务书范围内;第二,设计文件、图纸要清晰完整,
各相关图纸之间无矛盾;第三,工程项目的设备选型、系统布置要经济合
理、安全可靠、管线紧凑、节约能源;第四,环境保护措施、"三废"处理、能
源利用等要符合国家和地方政府规定的指标;第五,施工过程与技术要
求相一致,与计划规范相一致,与设计质量要求相一致,符合合同要求和

---

①张建平. 市政工程计量与计价[M]. 成都:西南交通大学出版社,2017.

验收标准。

确保工程施工质量,是工程技术人员和现场管理人员的重要使命。近年来,国家已明确规定把市政工程优良品率作为考核市政施工企业的一项重要指标,要求施工企业在施工过程中推行全面质量管理、价值工程等现代管理方法,使工程质量明显提高。

三、质量控制的关键环节

(一)提高质量意识

要提高所有参加市政工程施工的全体职工(包括分包单位和协作单位)的质量意识,特别是工程项目领导班子成员的质量意识,认识到"质量第一是个重大政策",树"百年大计,质量第一"的思想;要有对国家、对人民负责的高度责任感和事业心,把工程质量的优劣作为考核市政工程项目的重要内容,以优良的工程质量来提高企业的社会信誉和竞争能力。

(二)做好质量管理的基础工作

市政工程质量管理的基础工作主要包括质量教育、标准化、计量和质量信息工作。

1.质量教育工作

要对全体职工进行质量意识的教育,使全体职工明确质量对国家建设的重大意义,质量与人民生活密切相关,质量是企业的生命。进行质量教育工作要持之以恒,有计划、有步骤地实施。

2.标准化工作

对工程项目来说,从原材料进场到工程竣工验收,都要有技术标准和管理标准,要建立一套完整的标准化体系。技术标准是根据科学技术水平和实践经验,针对具有普遍性和重复出现的技术问题提出的技术准则。在工程项目施工中,除了要认真贯彻国家和上级颁发的技术标准、规范外,还应结合本工程的情况制定工艺标准,作为指导施工操作和工程质量要求的依据。管理标准是对各项管理工作的规定,如各项工作的办事守则、职责条例、规章制度等。

3.计量工作

计量工作是保证工程质量的重要手段和方法。要采用法定计量单位,做好量值传递,保证量值的统一。对本工程项目中采用的各项计量器具,要建立台账,按国家和上级规定的周期,定期进行检定。

4.质量信息工作

质量信息反映工程质量和各项管理工作的基本数据和情况。在工程项目施工中,要及时了解建设单位、设计单位、质量监督部门的信息,及时掌握各施工班组的质量信息,认真做好原始记录,如分项工程的自检记录等,便于项目经理和有关人员及时采取对策。

(三)落实企业质量体系的各项要求,明确质量责任制

工程项目要认真贯彻落实本企业建立的文件化质量体系的各项要求,贯彻工程项目质量计划。工程项目领导班子成员、各有关职能部门或工作人员都要明确自己在保证工程质量工作中的责任,各尽其职,各负其责,以工作质量来保证工程质量。

(四)提高职工素质

这是做好市政工程质量的基本条件。参加工程施工的职能人员是管理者,工人是操作者,都直接决定着工程施工的质量。必须努力提高参加工程项目职工的素质,加强职业道德教育和业务技术培训,提高施工管理水平和操作水平,努力创造出一流的工程质量。

四、工程设计质量控制

工程设计质量控制就是在严格遵守技术标准、法规的基础上,正确处理和协调资金、资源、技术、环境条件的制约,使市政工程设计能更好地满足建设单位所需要的功能和使用价值,能充分发挥项目投资的经济效益。

在我国,市政工程设计目前被分为两个阶段,即初步设计阶段和施工设计阶段。两个阶段的设计内容分别为:初步设计、概算,施工图设计、预算(有技术设计时为技术设计和修正概算)。一般情况下,工程施工均按两阶段设计。三阶段设计是指初步设计、技术设计和施工图设计阶段。只是对一些复杂的,采用新工艺、新技术的重大项目,在初步设计批准后作技术设计(此时施工图设计要以批准的技术设计为准),其内容与初步设计大致相同,但比初步设计更为具体确切。对于一些特殊的大型工程,应当作总体规划设计,但不作为一个设计阶段,仅作为可行性研究的一个内容和作为初步设计的依据。

市政工程各个设计阶段的内容和应达到的设计深度,国家和地方都有一定的规定和要求,它是衡量设计质量的重要方面。

(一)初步设计阶段

各类建设项目的初步设计内容不尽相同。如工业建设项目初步设计的主要内容包括:设计依据,设计指导思想,建设规模,产品方案,原料、燃料、动力的用量和来源,工艺流程,主要设备选型及配置,总图运输,主要建筑物、构筑物,公用、辅助设施,新技术采用情况、主要材料用量,外部协作条件,占地面积和土地利用情况,综合利用和"三废"治理、环境保护设施和评价,生活区建设,抗震和人防措施,生产组织和劳动定员,各项技术经济指标,建设顺序和期限,总概算等。民用建设项目的设计内容,也应视建设工程的类型、结构和使用要求而定。

初步设计的深度应能满足设计方案的比选和确定主要设备、材料订货,土地征用,项目投资的控制,施工图的编制,施工组织设计的编制,施工准备和生产准备等要求。

(二)技术设计阶段

技术复杂而又缺乏设计经验的投资建设项目,一般要进行技术设计。它是根据批准的初步设计和更详细的勘察、调查、研究资料和技术经济计算编制的。

技术设计的内容应视建设项目的具体情况、特点和需要而定,国家不作硬性的规定。技术设计的深度一般应能满足有关特殊工艺流程方面的试验、研究及确定,新型设备的试验、制作和确定,大型建筑物、构筑物等某些关键部位的试验研究和确定以及某些技术复杂问题的研究和确定等要求。

（三）施工图设计阶段

施工图设计是工程设计的最后一个阶段。它是初步设计（或三阶段设计中的技术设计）的进一步具体化和形象化，是把前期设计中所有的设计内容和方案绘制成可用于施工的图纸。

施工图设计根据批准的初步设计（或技术设计）文件编制，其内容主要包括：绘制总平面图，绘制建筑物和构筑物详图，绘制公用设备详图，绘制工艺流程和设备安装图，编制重要施工、安装部位和生产环节的施工操作说明以及编制设备、材料明细表和汇总表等，并确定工程合理的使用年限。施工图的设计深度应能满足设备和材料的安排，各种非标准设备的制作，施工图预算的编制，工程施工需要以及工程价款结算需要等要求。

五、工程施工质量控制

（一）施工质量控制基础知识

1.施工质量控制的原则

工程施工是使工程设计意图最终实现并形成工程实体的阶段，是最终形成工程产品质量和工程项目使用价值的重要阶段。在进行市政工程施工质量控制的过程中，应遵循以下原则。

（1）坚持质量第一原则

市政工程作为一种特殊的商品，使用年限长，是"百年大计"，直接关系到人民生命财产的安全。所以，应自始至终地把"质量第一"作为对工程项目质量控制的基本原则。

（2）坚持以人为控制核心

人是质量的创造者，质量控制必须"以人为核心"，把人作为质量控制的动力，发挥人的积极性、创造性，处理好业主监理与承包单位各方面的关系，增强人的责任感，树立"质量第一"的思想，提高人的素质，避免人的失误，以人的工作质量保证工序质量，保证工程质量。

（3）坚持以预防为主

预防为主是指要重点做好质量的事前控制、事中控制，同时严格进行对工作质量、工序质量和中间产品质量的检查。这是确保工程质量的有效措施。

（4）坚持质量标准

质量标准是评价产品质量的尺度，数据是质量控制的基础。产品质量是否符合合同规定的质量标准，必须通过严格检查，以数据为依据。

（5）贯彻科学、公正、守法的职业规范

在控制过程中，应尊重客观事实，尊重科学，客观、公正、不持偏见，遵纪守法，坚持原则，严格要求。

2.施工质量控制的过程

由于施工阶段是使工程设计最终实现并形成工程实体的阶段，是最终形成工程实体质量的过程，所以施工阶段的质量控制是一个由对投入的资源和条件的质量控制，进而对生产过程及各环节质量进行控制，直到对所完成的工程产出品的质量检验与控制的全过程的系统控制过程。这个过程根据三阶段控制原理划分为三个环节。

（1）事前控制

事前控制指施工开始前对影响工程质量的各因素进行的控制，包括施工组织设计或施工方案的审核，施工图纸的熟悉和会审、原材料的审核和控制，施工分包单位资质的审核以及工程测量放线的质量控制。

（2）事中控制

事中控制即是对施工过程的控制，要求严格检查、及时反馈、及时整改。因此，事中控制的时间长、工种多、干扰多、难度大，是施工阶段的主体。

（3）事后控制

事后控制是指根据当期施工结果与计划目标的分析比较，提出控制措施，在下一轮施工活动中实施控制的方式。它是利用反馈信息实施控制的，控制的重点是今后的生产活动。

3.施工质量控制的方法

施工质量控制的方法，主要是审核有关技术文件、报告和直接进行现场检查或必要的试验等。

（1）审核有关技术文件、报告或报表

对技术文件、报告、报表的审核，是项目经理对工程质量进行全面控制的重要手段。主要内容有：审核有关技术资质证明文件；审核开工报告，并经现场核实；审核施工方案、施工组织设计和技术措施；审核有关材料、半成品的质量检验报告；审核反映工序质量动态的统计资料或控制图表；审核设计变更、修改图纸和技术核定书；审核有关质量问题的处理报告；审核有关应用新工艺、新材料、新技术、新结构的技术核定书；审核有关工序交接检查，分部出具工程质量检查报告；审核并签署现场有关技术签证、文件等。

（2）现场质量检查

开工前检查，目的是检查是否具备开工条件，开工后能否连续正常施工，能否保证工程质量。工序交接检查，对于重要的工序或对工程质量有重大影响的工序，在自检、互检的基础上，还要组织专职人员进行工序交接检查。隐蔽工程检查，凡是隐蔽工程均应检查认证后方能掩盖。停工后复工前的检查，因处理质量问题或某种原因停工后需复工时，亦应经检查认可后方能复工。分项、分部工程完工后，应经检查认可，签署验收记录后才允许进行下一工程项目施工。并开展成品保护检查工作，检查成品有无保护措施，或保护措施是否可靠。

此外，还应经常深入现场，对施工操作质量进行巡视检查；必要时，还应进行跟班或追踪检查。

（二）施工工序的质量控制

1.工序质量控制的概念

市政工程的施工过程，是由一系列相互关联、相互制约的工序所构成的。工序质量是基础，直接影响工程的整体质量。要控制工程施工过程的质量，首先必须控制工序的质量。

工序质量的控制，就是对工序活动条件的质量管理和工序活动效果的质量管理，据此来达到整个施工过程的质量管理。在进行工序质量管理时要着重进行以下几方面的工作。

（1）确定工序质量控制工作计划

一方面要求对不同的工序活动制订专门的保证质量的技术措施，做出物料投入及活动顺序的专门规定；另一方面须规定质量控制工作流程、质量检验制度等。

（2）主动控制工序活动条件的质量

工序活动条件主要指影响质量的五大因素，即人、材料、机械设备、方法和环境等。

（3）及时检验工序活动效果的质量

主要是实行班组自检、互检、上下道工序交接检，特别是对隐蔽工程和分项分部工程的质量检验。

（4）设置工序质量控制点（工序管理点），实行重点控制

工序质量控制点是针对影响质量的关键部位或薄弱环节而确定的重点控制对象。正确设置控制点并严格实施是进行工序质量控制的重点。

2.工序质量控制的内容

工序质量控制主要包括两方面的控制，即对工序活动条件的控制和对工序活动效果的控制。

（1）工序活动条件的控制

工序活动条件是指从事工序活动的各种生产要素及生产环境条件。控制方法主要可以采取检查、测试、试验、跟踪监督等方法。控制依据是要坚持设计质量标准、材料质量标准、机械设备技术性能标准、操作规程等。控制方式对工序准备的各种生产要素及环境条件宜采用事前质量控制的模式（即预控）。工序活动条件的控制包括以下两个方面。

第一，施工准备方面的控制。即在工序施工前，应对影响工序质量的因素或条件进行监控。要控制的内容一般包括，人的因素，如施工操作者和有关人员是否符合上岗要求；材料因素，如材料质量是否符合标准，能否使用；施工机械设备的条件，如其规格、性能、数量能否满足要求，质量有无保障；采用的施工方法及工艺是否恰当，产品质量有无保证；施工的环境条件是否良好等。这些因素或条件应当符合规定的要求或保持良好状态。

　　第二,施工过程中对工序活动条件的控制。对影响工序产品质量的各因素的控制不仅体现在开工前的施工准备中,而且还应当贯穿于整个施工过程中,包括各工序、各工种的质量保证与强制活动。在施工过程中,工序活动是在经过审查认可的施工准备的条件下展开的,要注意各因素或条件的变化,如果发现某种因素或条件向不利于工序质量方面变化,应及时予以控制或纠正。

　　在各种因素中,投入施工的物料如材料、半成品以及施工操作或工艺是最活跃和易变化的因素,应予以特别的监督与控制,使它们的质量始终处于控制之中,符合标准及要求。

　　(2)工序活动效果的控制

　　工序活动效果主要反映在工序产品的质量特征和特性指标方面。对工序活动效果控制就是控制工序产品的质量特征和特性指标是否达到设计要求和施工验收标准。工序活动效果质量控制一般属于事后质量控制,其控制的基本步骤包括实测、统计、分析、判断、认可或纠偏。

　　第一,实测。即采用必要的检测手段,对抽取的样品进行检验,测定其质量特性指标(例如混凝土的抗拉强度)。

　　第二,分析。即对检测所得数据进行整理、分析,找出规律。

　　第三,判断。根据对数据分析的结果,判断该工序产品是否达到了规定的质量标准,如果未达到,应找出原因。

　　第四,纠正或认可。如发现质量不符合规定标准,应采取措施纠正,如果质量符合要求则予以确认。

　　3.工序施工质量的动态控制

　　影响工序施工质量的因素对工序质量所产生的影响,可能表现为一种偶然的、随机性的影响,也可能表现为一种系统性的影响。前者表现为工序产品的质量特征,数据是以平均值为中心,上下波动不定,呈随机性变化,此时的工序质量基本上是稳定的,质量数据波动是正常的,它是由于工序活动过程中一些偶然的、不可避免的因素造成的,如所用材料上的微小差异、施工设备运行的正常振动、检验误差等。这种正常的波动一般对产品质量影响不大,在管理上是容许的。而后者则表现为在工序产品质量特征数据方面出现异常大的波动或散差,其数据波动呈一定的规律性或倾向性变化,如数值不断增大或减小、数据均大于(或小于)标准值,或呈周期性变化等。这种质量数据的异常波动通常是由于系统性的因素造成的,如使用了不合格的材料、施工机具设备严重磨损、违章操作、检验量具失准等。这种异常波动,在质量管理上是不允许的,施工单位应采取措施设法加以消除。

因此,施工管理者应当在整个工序活动中,连续地实施动态跟踪控制,通过对工序产品的抽样检验,判定其产品质量波动状态,若工序活动处于异常状态,则应查找出影响质量的原因,采取措施排除系统性因素的干扰,使工序活动恢复到正常状态,从而保证工序活动及其产品的质量。

(三)质量控制点的设置

质量控制点是指为了保证工序质量而确定的重点控制对象、关键部位或薄弱环节。设置质量控制点是保证达到工序质量要求的必要前提,监理工程师在拟定质量控制工作计划时,应予以详细的考虑,并以制度来保证落实。对于质量控制点,一般要事先分析可能造成质量问题的原因,再针对原因制定对策和措施进行预控。

1.质量控制点设置的原则

质量控制点设置的原则,是根据工程的重要程度,即质量特性值对整个工程质量的影响程度来确定的。为此,在设置质量控制点时,首先要对施工的工程对象进行全面分析、比较,以明确质量控制点;之后进一步分析所设置的质量控制点在施工中可能出现的质量问题或造成质量隐患的原因,针对隐患的原因,相应地提出对策、措施予以预防。由此可见,设置质量控制点,是对工程质量进行预控的有力措施。

质量控制点的涉及面较广,根据工程特点,视其重要性、复杂性、精确性、质量标准和要求,可能是结构复杂的某一工程项目,也可能是技术要求高、施工难度大的某一结构构件或分项、分部工程,也可能是影响质量关键的某一环节中的某一工序或若干工序。总之,无论是操作、材料、机械设备、施工顺序、技术参数、自然条件、工程环境等,均可作为质量控制点来设置,主要是视其对质量特征影响的大小及危害程度而定。

质量控制点一般设置在下列部位:重要的和关键性的施工环节和部位,质量不稳定、施工质量没有把握的施工工序和环节,施工技术难度大的、施工条件困难的部位或环节,质量标准或质量精度要求高的施工内容和项目,对后续施工或后续工序质量、安全有重要影响的施工工序或部位,采用新技术、新工艺、新材料施工的部位或环节。

2.质量控制点的实施要点

质量控制点的实施要点主要包括以下几个方面:第一,交底,将控制点的"控制措施设计"向操作班组进行认真交底,必须使工人真正了解操作要点,这是保证"制造质量",实现"以预防为主"思想的关键一环。第二,现场指导,质量控制人员在现场进行重点指导、检查、验收;对重要的质量控制点,质量管理人员应当进行旁站指导、检查和验收。第三,工人按作业指导书进行认真操作,保证操作中每个环节的质量。第四,按规定做好检查并认真记录检查结果,取得第一手数据。第五,运用数理统计方法不断进行分析与改进(实施 PDCA 循环),直至质量控制点验收合格。

3.见证点和停止点

所谓"见证点"和"停止点"是国际上对于重要程度不同及监督控制要求不同的质量控制对象的一种区分方式。实际上他们都是质量控制点,只是由于他们的重要性或其质量后果影响程度有所不同,所以在实施监督控制时的动作程序和监督要求也有区别。

(1)见证点(也称截流点,或简称 W 点)

它是指重要性一般的质量控制点,在这种质量控制点施工之前,施工单位应提前(例如 24 h 之前)通知监理单位派监理人员在约定的时间到现场进行见证,对该质量控制点的施工进行监督和检查,并在见证表上详细记录该质量控制点所在的建筑部位、施工内容、数量、施工质量和工时,并签字以作为凭证。如果在规定的时间监理人员未能到达现场进行见证和监督,施工单位可以认为已取得监理单位的同意(默认),有权进行该见证点的施工。

（2）停止点（也称待检点，或简称 H 点）

它是指重要性较高、其质量无法通过施工以后的检验来得到证实的质量控制点。例如无法依靠事后检验来证实其内在质量或无法事后把关的特殊工序或特殊过程。对于这种质量控制点，在施工之前施工单位应提前通知监理单位，并约定施工时间，由监理单位派出监督员到现场进行监督控制，如果在约定的时间监理人员未到现场进行监督和检查，则施工单位应停止该质量控制点的施工，并按合同规定，等待监理人员，或另行约定该质量控制点的施工时间。

在实际工程实施质量控制时，通常是由工程承包单位在分项工程施工前制订施工计划时，就选定设置的质量控制点，并在相应的质量计划中再进一步明确哪些是见证点，哪些是停止点，施工单位应将该施工计划及质量计划提交监理工程师审批。如监理工程师对上述计划及见证点与停止点的设置有不同的意见，应书面通知施工单位，要求予以修改，修改后再上报监理工程师审批后执行。

（四）成品的质量保护

市政工程施工是一个复杂的、多工种穿插作业的过程。一个大的市政工程中通常包括几个至十几个分项工程，如大型城市环路改造工程是以改造道路为主，还包括了公路桥、铁路桥、市政综合道路的建设。施工过程中，有些分项工程已完成，而其他分项工程尚在施工；或者分项工程的某些部位已经完成，而其他部位正在施工。

成品质量保护，是一项关系到保证工程质量、降低工程成本和按期竣工的重要工作。因此，做好成品保护工作，是项目经理和工程技术人员、全体施工人员在工程施工的中后期的一项重要工作。市政工程保护措施主要从三方面考虑。

1.组织措施

教育全体职工要对国家、对人民负责，爱护公物，尊重他人和自己的劳动成果，施工操作时要珍惜已完成的和将完成的工程。

建立成品保护组织。由项目技术负责人领导，工号和材料部门参加，重点工程应有保卫部门参加。建立交接班检查制度等。

2.技术措施

在大的工程项目布置上,在确保总进度计划的前提下,要决定以哪个分项工程为主,为辅的分项工程可适当放宽施工工期,以减少工种、工序间的交叉作业。避免后期集中抢工。采用新工艺、新材料,尽量减少工序,以达到减少交叉作业的目的。

合理安排施工工序、施工流程。坚持先地下、后地上,先土建、后设备,先主体、后围护,先结构、后装修。不得颠倒工序,防止后道工序损坏或污染前道工序。比如合槽施工时,应先安装正下部管道,再安装上部管道;否则挖土方时会扰动上部管道基础。

雨期施工要根据所在地的雨量、雨期,制订雨季措施;这些措施应能使成品防泡、防淹、防塌方、防漏、防陷。冬期由于各地区的气温、降雪量不同,越冬的工程部位应采取适当的冬施措施。

3.保护措施

市政工程成品保护措施主要有疏导、堵挡、遮盖、排水、防雷、避雨、加固、防陷等措施。如道路施工碾压路面时,要对检查井口和雨水口进行苦盖。对已完工但尚未交付甲方的道路路段要拦挡、局部封闭,以免社会车辆对路面和路牙破坏。雨季为防止管道被泥浆灌入或钢管漂移,要及时闭水、打泵、交验、还土;否则应封堵。

第三节　市政工程质量改进

一、基本规定

项目经理部应定期对施工质量状况进行检查、分析,向组织提出质量报告,提出目前质量状况、发包人及其他相关方满意程度、产品要求的符合性以及项目经理部的质量改进措施。

组织应对项目经理部进行检查、考核,定期进行内部审核,并将审核结果作为管理评审结果输入,促进项目经理部的质量改进。

组织应了解发包人及其他相关方对质量的意见,对质量管理体系进行审核,确定改进目标,提出相应措施并检查落实。

二、质量管理体系的持续改进

(一)建立质量管理体系

这里讲的主要是要用科学的国际公认的质量管理体系标准建立质量体系,即按照标准的要求,对现行质量管理体系有针对性的改进、更新和完善,使之符合ISO 9000族标准,并与国际上可以接受的惯例接轨,从而达到保证产品质量的目的,取得顾客的信任和满意。

(二)质量管理体系的持续改进

事物是在不断发展的,都会经历一个由不完善到完善直至更新的过程,顾客的要求在不断地变化,为了适应变化着的环境,组织需要进行一种持续的改进活动,以增强满足要求的能力,目的在于增强顾客以及与其他相关方满意的机会,实现组织所设定的质量方针和质量目标。持续改进的最终目的是提高组织的有效性和效率,它包括了改善产品的特征及特性,提高过程的有效性及效率所开展的所有活动。这种不断循环的活动就是持续改进,它是组织的一个永恒的主题。

1.持续改进的活动

营造一个激励改进的氛围和环境;通过测量数据分析和评价现状及其趋势;不断发现组织质量管理体系中的薄弱环节,确定改进目标;进行管理评审,做出改进决策;寻找解决薄弱环节办法以实现目标;采取纠正和预防措施,避免不合格事件的再次发生和潜在不合格事件的发生。

2.持续改进的方法

PDCA循环法,任何一个质量改进活动都要遵循PDCA循环的原则,即策划或计划(Plan)、实施(Do)、检查(Check)、处置(Action)。

P——策划根据顾客的要求和组织的方针,分析和评价现状,确定改进目标,寻找解决办法,评价这些解决办法,并做出选择。

D——实施选定的解决办法,落实具体对策。

C——检查根据方针、目标和产品的要求,对过程、产品和质量管理体系进行测量、验证、分析和评价结果,以确定这些目标是否已经实现。

A——处置总结成功的经验,采取措施,正式采纳更改,实施标准化,以后就按标准进行。对于没有解决的问题,转入下一轮 PDCA 循环,为制订下一轮改进计划提供资料,持续改进过程业绩。

PDCA 循环法的特点:四个阶段一个也不能少;大环套小环,企业(公司)可以采用,部门可以采用,班组可以采用,甚至个人都可采用。一个项目的实施过程可以采用,其中某一阶段也可采用;每循环一次,产品质量、工序质量和工作质量就提高一步,PDCA 是不断上升的循环[①]。

3.持续改进活动的两个基本途径

持续改进活动的两个基本途径指渐进式的日常持续改进(一般由组织内人员进行,如小组活动等)和突破性改进项目。

三、坚持"三全"管理

坚持"三全"管理:"全过程"质量管理指的就是在产品质量形成全过程中,把可以影响工程质量的环节和因素控制起来;"全员"质量管理就是上至项目经理下至一般员工,全体人员行动起来参加质量管理;"全面质量管理"就是要对项目各方面的工作质量进行管理。这个任务不仅由质量管理部门来承担,而且项目的各部门都要参加。

四、质量预防与纠正措施

质量预防措施:第一,项目经理部应定期召开质量分析会,对影响工程质量潜在原因,采取预防措施;第二,对可能出现的不合格现象,应制订防止再发生的措施并组织实施;第三,对质量通病应采取预防措施;第四,对潜在的严重不合格现象,应实施预防措施控制程序;第五,项目经理部应定期评价预防措施的有效性。

质量纠正措施:第一,对发包人或监理工程师、设计人、质量监督部门提出的质量问题,应分析原因,制订纠正措施。第二,对已发生或潜在的不合格信息,应分析并记录结果。第三,对检查发现的工程质量问题或不合格报告提及的问题,应由项目技术负责人组织有关人员判定不合

①徐玲杰. 市政工程质量控制的改进措施[J]. 魅力中国,2019(21):302-303.

格程度,制订纠正措施。第四,对严重不合格或重大质量事故,必须实施纠正措施。第五,实施纠正措施的结果应由项目技术负责人验证并记录;对严重不合格或等级质量事故的纠正措施和实施效果应验证,并应报企业管理层。第六,项目经理部或责任单位应定期评价纠正措施的有效性。

第八章 市政工程施工安全管理

第一节 市政工程施工防火防爆管理

一、防火防爆安全管理制度

(一)建立防火防爆知识宣传教育制度

组织施工人员认真学习《中华人民共和国消防条例》和公安部《关于建筑工地防火的基本措施》,教育参加施工的全体职工认真贯彻执行消防法规,增强全员的法律意识。

(二)建立定期消防技能培训制度

定期对职工进行消防技能培训,使所有施工人员都懂得基本防火防爆知识,掌握安全技术,能熟练使用工地上配备的防火防爆器具,能掌握正确的灭火方法。

(三)建立现场明火管理制度

施工现场未经主管领导批准,任何人不准擅自动用明火。从事电、气焊的作业人员要持证上岗(用火证),在批准的范围内作业。要从技术上采取安全措施,消除火源。

(四)存放易燃易爆材料的库房建立严格管理制度

现场的临建设施和仓库要严格管理,存放易燃液体和易燃易爆材料的库房,要设置专门的防火防爆设备,采取消除静电等防火防爆措施,防止火灾、爆炸等恶性事故的发生。

(五)建立定期防火检查制度

定期检查施工现场设置的消防器具,责令整改不合格的存放易燃易爆材料的库房、施工重点防火部位和重点工种的施工操作,及时消除火灾隐患。

二、施工现场消防器材管理

施工现场消防器材管理必须保证如下几点:第一,各种消防梯经常保持完整完好;第二,水枪经常检查,保持开关灵活、喷嘴畅通,附件齐全无锈蚀;第三,水带充水后防骤然折弯,不被油类污染,用后清洗晾干,收藏时应单层卷起,竖放在架上;第四,各种管接口和扣盖应接装灵便、松紧适度、无泄漏,不得与酸、碱等化学品混放,使用时不得摔压;第五,消火栓按室内、室外(地上、地下)的不同要求定期进行检查和及时加注润滑油,消火栓井应经常清理,冬季采用防冻措施;第六,工地设有火灾探测和自动报警灭火系统时,应由专人管理,保持其处于完好状态[①]。

三、施工现场防火防爆安全要求

(一)重点部位防火防爆

1.料场仓库

料场仓库防火防爆要求如下:第一,易着火的仓库应设在工地下风方向、水源充足和消防车能驶到的地方。第二,易燃露天仓库四周应有 6 m 宽平坦空地的消防通道,禁止堆放障碍物。第三,贮存量大的易燃仓库应设两个以上的大门,并将堆放区与有明火的生活区、生活辅助区分开布置,至少应保持 30 m 防火距离,有飞火的烟囱应布置在仓库的下风方向。第四,易燃仓库和堆料场应分组设置堆垛,堆垛之间应有 3 m 宽的消防通道,每个堆垛的面积不得大于:木材(板材)300 m²;稻草 150 m²;锯木200 m²。第五,库存物品应分类分堆贮存编号,对危险物品应加强入库检验,易燃易爆物品应使用不发火的工具设备搬运和装卸。第六,库房内防火设施齐全,应分组布置种类适合的灭火器,每组不少于四个,组间距不大于 30 m,重点防火区应每 25 m² 布置一个灭火器。第七,库房内不得

---

①王东升.市政工程安全生产管理[M].青岛:中国海洋大学出版社,2016.

兼做加工、办公等其他用途。第八，库房内严禁使用碘钨灯、电气线路，照明应符合安全规定。第九，易燃材料堆垛应保持通风良好，应经常检查其温度、湿度，防止自燃起火。第十，拖拉机不得进入仓库和料场进行装卸作业；其他车辆进入易燃料场仓库时，应安装符合要求的火星熄灭器。

2. 乙炔站

乙炔站防火防爆要求如下：第一，乙炔属于甲类易燃易爆物品，乙炔站的建筑物应采用一、二级耐火等级，一般应为单层建筑，与有明火的操作场所应保持 30 ~ 50 m 间距；第二，乙炔站泄压面积与乙炔站容积的比值应采用 0.05 ~ 0.22 m²/m³；房间和乙炔发生器操作平台应有安全出口，应安装百叶窗和出气口，门应向外开启；第三，乙炔房与其他建筑物和临时设施的防火间距，应符合《建筑设计防火规范》(GB 50016—2006)的要求；第四，乙炔房宜采用不发生火花的地面，金属平台应铺设橡皮垫层；第五，有乙炔爆炸危险的房间与无爆炸危险的房间(更衣室、值班室)，不能直通；第六，操作人员不应穿着带铁钉的鞋极易产生静电的服装进入乙炔站。

3. 电石库

电石库防火防爆要求如下：第一，电石库属于甲类物品储存仓库，电石库的建筑应采用一、二级耐火等级；第二，电石库应建在长年风向的下风方向，与其他建筑及临时设施的防火间距，应符合《建筑设计防火规范》(GB 50016—2006)的要求；第三，电石库不应建在低洼处，库内地面应高于库外地面 20 cm，同时不能采用易发火花的地面，可用木板或橡胶等铺垫；第四，电石库应保持干燥、通风，不漏雨水；第五，电石库的照明设备应采用防爆型，应使用不发火花型的开启工具；第六，电石渣及粉末应随时进行清扫。

4. 油漆料库和调料间

油漆料库和调料间防火防爆要求如下：第一，油漆料库与调料间应分开设置，油漆料库和调料间应与散发火花的场所保持一定的防火间距。第二，性质相抵触、灭火方法不同的品种，应分库存放。第三，涂料和稀释剂的存放和管理，应符合《仓库防火安全管理规则》的要求。第四，调料间应有良好的通风,并应采用防爆电器设备,室内禁止一切火源,调料间不能兼做更衣室和休息室。第五,调料人员应穿不易产生静电的工作服、不带钉子的鞋;使用开启涂料和稀释剂包装的工具,应采用不易产生火花型的工具。第六,调料人员应严格遵守操作规程,调料间内不应存放超过当日加工所用的原料。

(二)重点工种防火防爆

1.电焊工、气焊工

从事电焊、气割操作人员,必须进行专门培训,掌握焊割的职业健康安全技术、操作规程,经过考试合格,取得操作合格证后方准操作。操作时应持证上岗。徒工学习期间,不能单独操作,必须在师傅的监护下进行操作。

严格执行用火审批程序和制度。操作前必须办理用火申请手续,经本单位领导同意和消防保卫或职业健康安全技术部门检查批准,领取用火许可证后方可进行操作。

用火审批人员要认真负责,严格把关。审批前要深入用火地点查看,确认无火险隐患后再行审批。批准用火应采取定时(时间)、定位(层、段、档)、定人(操作人、看火人)、定措施(应采取的具体防火措施),部位变动或仍需继续操作,应事先更换用火证。用火证只限当日本人使用,并要随身携带,以备消防保卫人员检查。

进行电焊、气割前,应由施工员或班组长向操作、看火人员进行消防职业健康安全技术措施交底,任何领导不能以任何借口纵容电、气焊工人进行冒险操作。

装过或有易燃可燃液体、气体及化学危险物品的容器、管道和设备,在未彻底清洗干净前,不得进行焊割。

严禁在有可燃蒸汽、气体、粉尘或禁止明火的危险性场所焊割。在这些场所附近进行焊割时,应按有关规定,保持一定的防火距离。

遇有五级以上大风气候时,施工现场的高空和露天焊割作业应停止。

领导及生产技术人员,要合理安排工艺和编排施工进度程序,在有可燃材料保温的部位,不准进行焊割作业。必要时,应在工艺安排和施工方法上采取严格的防火措施。焊割作业不准与油漆、喷漆、脱漆、木工等易燃操作同时间、同部位上下交叉作业。

焊割结束或离开操作现场时,必须切断电源、气源。炽热的焊嘴、焊钳以及焊条头等,禁止放在易燃、易爆物品和可燃物上。

禁止使用不合格的焊割工具和设备。电焊的导线不能与装有气体的气瓶接触,也不能与气焊的软管或气体的导管放在一起。焊把线和气焊的软管不得从生产、使用、储存易燃、易爆物品的场所或部位穿过。

焊割现场必须配备灭火器材,危险性较大的应有专人现场监护。

2.电工

电工应经过专门培训,掌握安装与维修的职业健康安全技术,并经过考试合格后,方准独立操作。

施工现场暂设线路、电气设备的安装与维修应执行《施工现场临时用电安全技术规范》(JGJ 46—2005)。

新设、增设的电气设备,必须由主管部门或人员检查合格后,方可通电使用。

各种电气设备或线路,不应超过安全负荷,并要牢靠、绝缘良好和安装合格的保险设备,严禁用铜丝、钢丝等代替保险丝。

放置及使用易燃液体、气体的场所,应采用防爆型电气设备及照明灯具。

定期检查电气设备的绝缘电阻是否符合"不低于 $1\ k\Omega/V$(如对地 $220\ V$ 绝缘电阻应不低于 $0.22\ M\Omega$)"的规定,发现隐患,应及时排除。

不可用纸、布或其他可燃材料做无骨架的灯罩,灯泡距可燃物应保持一定距离。

变(配)电室应保持清洁、干燥。变电室要有良好的通风。配电室内禁止吸烟、生火及保存与配电无关的物品(如食物等)。

当电线穿过墙壁与其他物体接触时,应当在电线上套有磁管等非燃材料加以隔绝。

电气设备和线路应经常检查,发现可能引起火花、短路、发热和绝缘损坏等情况时,必须立即修理。

各种机械设备的电闸箱内,必须保持清洁,不得存放其他物品,电闸箱应配销。

电气设备应安装在干燥处,各种电气设备应有妥善的防雨、防潮设施。

3. 油漆工

油漆工需要主要以下几点:①喷漆、涂漆的场所应有良好的通风,防止形成爆炸极限浓度,引起火灾或爆炸;②喷漆、涂漆的场所内禁止一切火源,应采用防爆的电气设备;③禁止与焊工同时间、同部位的上下交叉作业;④油漆工不能穿易产生静电的工作服,接触涂料、稀释剂的工具应采用防火花型的;⑤浸有涂料、稀释剂的破布、纱团、手套和工作服等,应及时清理,不能随意堆放,防止因化学反应而生热,发生自燃;⑥对使用中能分解、发热自燃的物料,要妥善管理。

4. 煅炉工

煅炉工需主要如下几点:①煅炉宜独立设置,并应选择在距可燃建筑、可燃材料堆场5 m以外的地点;②煅炉不能设在电源线的下方,其建筑应采用不燃或难燃材料修建;③煅炉建造好后,需经工地消防保卫或职业健康安全技术部门检查合格,并领取用火审批合格证后,方准进行操作及使用;④禁止使用可燃液体开火,工作完毕,应将余火彻底熄灭后,方可离开;⑤鼓风机等电气设备要安装合理,符合防火要求;⑥加工完的钎子要码放整齐,与可燃材料的防火间距应不小于1 m;⑦遇有五级以上的大风气候,应停止露天煅炉作业;⑧使用可燃液体或硝石溶液淬火时,要控制好油温,防止因液体加热而自燃;⑨煅炉间应配备适量的灭火器材。

5. 熬炼工

熬炼工需要主要的有以下内容:第一,熬沥青灶应设在工程的下风方向,不得设在电线垂直下方,距离新建工程、料场、库房和临时工棚等应在25 m以外,现场窄小的工地有困难时,应采取相应的防火措施或尽量采用冷防水施工工艺。第二,沥青锅灶必须坚固、无裂缝,靠近火门上部的锅台,应砌筑18~24 cm的砖沿,防止沥青溢出引燃;火口与锅边应有70 cm的隔离设施,锅与烟囱的距离应大于80 cm,锅与锅的距离应大于2 m;锅灶高度不宜超过地面60 cm。第三,熬沥青应由熟悉此项操作的技工进行,操作人员不得擅离岗位。第四,不准使用薄铁锅或劣质铁锅熬制沥青,锅内的沥青一般不应超过锅容量的3/4,不准向锅内投入有水分的沥青;配制冷底子油,不得超过锅容量的1/2,温度不得超过80 ℃;熬沥青的温度应控制在275 ℃以下(沥青在常温下为固态,其闪点为200～230 ℃,自燃点为270～300 ℃)。第五,降雨、雪或刮五级以上大风时,严禁露天熬制沥青。第六,使用燃油灶具时,必须先熄灭火后再加油。第七,沥青锅处要备有铁质锅盖或铁板,并配备相适应的消防器材或设备,熬炼场所应配备温度计或测温仪。第八,沥青锅要随时进行检查,防止漏油;沥青熬制完毕后,要彻底熄灭余火,盖好锅盖后(防止雨雪浸入,熬油时产生溢锅引起着火),方可离开。第九,向熔化的沥青内添加汽油、苯等易燃稀释剂时,要离开锅灶和散发火花地点的下风方向10 m以外,并应严格遵守操作程序。

6.仓库保管员

仓库保管员应注意以下几点:第一,仓库保管员,要牢记《仓库防火安全管理规则》。第二,熟悉存放物品的性质、储存中的防火要求及灭火方法,要严格按照其性质、包装、灭火方法、储存防火要求和密封条件等分别存放,性质相抵触的物品不得混存在一起。第三,严格按照"五距"储存物资,即垛与垛间距不小于1 m,垛与墙间距不小于0.5 m,垛与梁、柱的间距不小于0.3 m,垛与散热器、供暖管道的间距不小于0.3 m,照明灯具垂直下方与垛的水平间距不得小于0.5 m。第四,库存物品应分类、分垛储存,主要通道的宽度不小于2 m。第五,露天存放物品应当分类、分堆、分组和分垛,并留出必要的防火间距;甲、乙类桶装液体,不宜露天存放。第六,物品入库前应当进行检查,确定无火种等隐患后,方准入库。第七,库房门、窗等应当严密,物资不能储存在预留孔洞的下方。第八,库房内照明灯具不准超过60 W,并做到人走断电、锁门。第九,库房内严禁吸烟和使用明火。第十,库房管理人员在每日下班前,应对经管的库房巡查一遍,确认无火灾隐患后,关好门窗,切断电源后方准离开。

第二节 市政工程施工安全事故管理

一、伤亡事故的定义

（一）事故

事故是指人们在进行有目的的活动过程中，发生了违背人们意愿的不幸事件，使其有目的行动暂时或永久地停止。

（二）伤亡事故

伤亡事故是指职工在劳动生产过程中发生的人身伤害、急性中毒事故。

工程项目所发生的伤亡事故大体可分为两类：一是因工伤亡，即在施工项目生产过程中发生的；二是非因工伤亡，即与施工生产活动无关造成的伤亡。

根据《生产安全事故报告和调查处理条例》《关于印发（建设职工伤亡事故统计办法）的通知》等规定，因工伤亡事故是指职工在本岗位劳动或虽不在本岗位劳动，但由于企业的设备和设施不安全、劳动条件和作业环境不良、管理不善以及企业领导指定到本企业外从事本企业活动，所发生的人身伤害（包括轻伤、重伤、死亡）和急性中毒事故。其中，伤亡事故主体包括两类：一是企业职工，指由本企业支付工资的各种用工形式的职工，包括固定职工、合同制职工、临时工（包括企业招用的临时农民工）等；二是非本企业职工，指代训工、实习生、民工，参加本企业生产的学生、现役军人，到企业进行参观或其他公务的人员，劳动、劳教中的人员，外来救护人员以及由于事故而造成伤亡的居民、行人等。

二、伤亡事故的分类

（一）伤亡事故等级

根据《生产安全事故报告和调查处理条例》，按照事故的严重程度，伤亡事故以下几种类型。

1.特别重大事故

特别重大事故是指造成30人以上死亡,或者100人以上重伤(包括急性工业中毒,下同)或者1亿元以上直接经济损失的事故。

2重大事故

重大事故是指造成10人以上30人以下死亡,或者50人以上100人以下重伤,或者5000万元以上1亿元以下直接经济损失的事故。

3.较大事故

较大事故是指造成3人以上10人以下死亡,或者10人以上50人以下重伤,或者1000万元以上5000万元以下直接经济损失的事故。

4.一般事故

一般事故是指造成3人以下死亡,或者10人以下重伤,或者1000万元以下直接经济损失的事故。

(二)伤亡事故类别

按照直接致使职工受到伤害的原因(即伤害方式)分类:物体打击,指落物、滚石、锤击、碎裂崩块、碰伤等伤害,包括因爆炸而引起的物体打击;提升、车辆伤害,包括挤、压、撞、倾覆等;机械伤害,包括绞、碾、碰、割、戳等;起重伤害,指起重设备或操作过程中所引起的伤害;触电,包括雷击伤害;淹溺;灼烫;火灾;高处坠落,包括从架子、屋顶上坠落以及从平地坠入地坑等;坍塌,包括建筑物、堆置物、土石方倒塌等;冒顶串帮;透水;放炮;火药爆炸,指生产、运输、储藏过程中发生的爆炸;瓦斯煤尘爆炸,包括煤粉爆炸;其他爆炸,包括锅炉爆炸、容器爆炸、化学爆炸,炉膛、钢水包爆炸等;煤与瓦斯突出;中毒和窒息,指煤气、油气、沥青、化学、一氧化碳中毒等;其他伤害,如扭伤、跌伤、野兽咬伤等。

三、伤亡事故的处理程序

(一)迅速抢救伤员、保护事故现场

事故发生后,现场人员要有组织、听指挥,迅速做好两件事。

1.抢救伤员,排除险情,制止事故蔓延扩大

抢救伤员时,要采取正确的救助方法,避免二次伤害;同时遵循救助

的科学性和实效性,防止抢救阻碍或事故蔓延;对于伤员救治医院的选择要迅速、准确,减少不必要的转院,贻误治疗时机。

2.为了事故调查分析需要,保护好事故现场

由于事故现场是提供有关物证的主要场所,是调查事故原因不可缺少的客观条件,要求现场各种物件的位置、颜色、形状及其物理和化学性质等尽可能保持事故结束时的原来状态。因此,在事故排险、伤员抢救过程中,要保护好事故现场,确因抢救伤员或为防止事故继续扩大而必须移动现场设备、设施时,现场负责人应组织现场人员查清现场情况,做出标志和记明数据,绘出现场示意图,任何单位和个人不得以抢救伤员等名义故意破坏或者伪造事故现场。必须采取一切可能的措施,防止人为或自然因素的破坏。

发生事故的项目,其生产作业场所仍然存在危及人身安全的事故隐患,要立即停工,进行全面的检查和整改。

(二)伤亡事故报告

1.报告程序

施工项目发生伤亡事故,负伤者或者事故现场有关人员应立即直接或逐级报告。第一,针对轻伤事故,立即报告工程项目经理,项目经理报告企业主管部门和企业负责人;第二,针对重伤事故、急性中毒事故、死亡事故,立即报告项目经理和企业主管部门、企业负责人,并由企业负责人立即以最快速的方式报告企业上级主管部门、政府安全监察部门、行业主管部门以及工程所在地的公安部门;第三,针对重大事故由企业上级主管部门逐级上报。

涉及两个以上单位的伤亡事故,由伤亡人员所在单位报告,相关单位也应向其主管部门报告。事故报告要以最快捷的方式立即报告,报告时限不得超过地方政府主管部门的规定时限。

2.伤亡事故报告内容

伤亡事故报告内容主要有:事故发生(或发现)的时间、详细地点;发生事故的项目名称及所属单位;事故类别、事故严重程度;伤亡人数、伤亡人员基本情况;事故简要经过及抢救措施;报告人情况和联系电话。

(三)组织事故调查组

1.组织调查组

在接到事故报告后,企业主管领导,应立即赶赴现场组织抢救,并迅速组织调查组开展事故调查。

(1)轻伤事故

轻伤事故由项目经理牵头,项目经理部生产、技术、安全、人事、保卫、工会等有关部门的成员组成事故调查组。

(2)重伤事故

重伤事故由企业负责人或其指定人员牵头,企业生产、技术、安全、人事、保卫、工会、监察等有关部门的成员,会同上级主管部门负责人组成事故调查组。

(3)死亡事故

死亡事故由企业负责人或其指定人员牵头,企业生产、技术、安全、人事、保卫、工会、监察等有关部门的成员,会同上级主管部门负责人、政府安全监察部门、行业主管部门、公安部门、工会组织组成事故调查组。

(4)重大死亡事故

重大死亡事故,按照企业的隶属关系,由省、自治区、直辖市企业主管部门或者国务院有关主管部门会同同级行政安全管理部门、公安部门、监察部门、工会组成事故调查组,进行调查。重大死亡事故调查组应邀请人民检察院参加,还可邀请有关专业技术人员参加。

2.事故调查组成员条件

事故调查组成员条件主要有以下几点:第一,与所发生事故没有直接利害关系;第二,具有事故调查所需要的某一方面业务的专长;第三,满足事故调查中涉及企业管理范围的需要。

(四)现场勘察

现场勘察是技术性很强的工作,涉及广泛的科技知识和实践经验,调查组对事故的现场勘察必须做到及时、全面、准确、客观。现场勘察的主要内容有以下几点。

1.现场笔录

现场笔录:①发生事故的时间、地点、气象等;②现场勘察人员姓名、单位、职务;③现场勘察起止时间、勘察过程;④能量失散所造成的破坏情况、状态、程度等;⑤设备损坏或异常情况及事故前后的位置;⑥事故发生前劳动组合、现场人员的位置和行动;⑦散落情况;⑧重要物证的特征、位置及检验情况等。

2.现场拍照

现场拍照:①方位拍照,能反映事故现场在周围环境中的位置;②全面拍照,能反映事故现场各部分之间的联系;③中心拍照,反映事故现场中心情况;④细目拍照,提示事故直接原因的痕迹物、致害物等;⑤人体拍照,反映伤亡者主要受伤和造成死亡的伤害部位。

3.现场绘图

据事故类别和规模以及调查工作的需要应绘出下列示意图:①建筑物平面图、剖面图;②事故时人员位置及活动图;③破坏物立体图或展开图;④涉及范围图;⑤设备或工具、器具构造简图等。

4.事故资料

事故资料应具备以下几点:①事故单位的营业证照及复印件;②有关经营承包经济合同;③安全生产管理制度;④技术标准、安全操作规程、安全技术交底;⑤安全培训材料及安全培训教育记录;⑥项目安全施工资质和证件;⑦伤亡人员证件(包括特种作业证、就业证、身份证);⑧劳务用工注册手续;⑨事故调查的初步情况(包括伤亡人员的自然情况、事故的初步原因分析等);⑩事故现场示意图。

(五)分析事故原因

1.事故性质

责任事故,是指由于人的过失造成的事故。

非责任事故,即由于人们不能预见或不可抗力的自然条件变化所造成的事故,或是在技术改造、发明创造、科学试验活动中,由于科学技术条件的限制而发生的无法预料的事故。但是,对于能够预见并可以采取措施加以避免的伤亡事故,或没有经过认真研究解决技术问题而造成的事故,不能包括在内。

破坏性事故,即为达到既定目的而故意制造的事故。对已确定为破坏性事故的,由公安机关认真追查破案,依法处理。

2.事故原因

(1)直接原因

根据《企业职工伤亡事故分类标准》(GB 6441—1986)附录A,直接导致伤亡事故发生的机械、物质和环境的不安全状态以及人的不安全行为,是事故的直接原因。

(2)间接原因

事故中属于技术和设计上的缺陷,教育培训不够、未经培训、缺乏或不懂安全操作技术知识,劳动组织不合理,对现场工作缺乏检查或指导错误,没有安全操作规程或不健全,没有或不认真实施事故防范措施,对事故隐患整改不力等原因,是事故的间接原因。

(3)主要原因

导致事故发生的主要因素,是事故的主要原因。

3.事故分析的步骤

事故分析的步骤主要有:第一,整理和阅读调查材料;第二,根据《企业职工伤亡事故分类标准》(GB 6441—1986)附录A,按七项内容进行分析:受伤部位;受伤性质;起因物;致害物;伤害方法;不安全状态;不安全行为;第三,确定事故的直接原因;第四,确定事故的间接原因;第五,确定事故的责任者。

在分析事故原因时,应根据调查所确认的事实,从直接原因入手,逐步深入到间接原因中,从而掌握事故的全部原因。通过对直接原因和间接原因的分析,确定事故中的直接责任者和领导责任者,再根据其在事故发生过程中的作用,确定主要责任者。

(六)制定事故预防措施

根据对事故原因的分析,制定防止类似事故再次发生的预防措施,在防范措施中,应把改善劳动生产条件、作业环境和提高安全技术措施水平放在首位,力求从根本上消除危险因素,切实做到"四不放过"。

(七)事故责任分析及结案处理

1.事故责任分析

在查清伤亡事故原因后,必须对事故进行责任分析,目的在于使事故责任者、单位领导人和广大职工群众吸取教训,接受教育,改进工作。

责任分析可以通过事故调查所确认的事实,根据事故发生的直接和间接原因,按有关人员的职责、分工、工作状态和在具体事故中所起的作用,追究其所应负的责任;按照有关组织管理人员及生产技术因素,追究最初造成不安全状态的责任;按照有关技术规定的性质、明确程度、技术难度,追究属于明显违反技术规定的责任;不追究属于未知领域的责任。根据事故性质、事故后果、情节轻重、认识态度等,提出对事故责任者的处理意见。

确定责任者的原则为:因设计上的错误和缺陷而发生的事故,由设计者负责;因施工、制造、安装和检修上的错误或缺陷而发生的事故,分别由施工、制造、安装、检修及检验者负责;因缺少安全规章制度而发生的事故,由生产组织者负责;已发生事故未及时采取有效措施,致使类似事故重复发生的,由有关领导负责。

根据对事故应负责任的程度不同,事故责任者分为直接责任者、主要责任者、重要责任者和领导责任者。对事故责任者的处理,在以教育为主的同时,还必须按责任大小、情节轻重等,根据有关规定,分别给予经济处罚、行政处分,直至追究刑事责任。对事故责任者的处理意见形成之后,企业有关部门必须按照人事管理的权限尽快办理报批手续。

2.事故报告书

事故调查组在查清事实、分析原因的基础上,组织召开事故分析会,按照"四不放过"的原则,对事故原因进行全面调查分析,制订出切实可行的防范措施,提出对事故有关责任人员的处理意见,填写《企业职工因工伤亡事故调查报告书》,经调查组全体人员签字后报批。如调查组内部意见有分歧,应在弄清事实的基础上,对照法律法规进行研究,统一认识。对个别仍持有不同意见的允许保留,并在签字时写明意见。

在报批《企业职工因工伤亡事故调查报告书》时,应将下列资料作为附件:企业营业执照复印件;事故现场示意图;反映事故情况的相关照片;事故伤亡人员的相关医疗诊断书;负责本事故调查处理的政府主管部门要求提供的与本事故有关的其他材料。

(八)事故结案

事故调查处理结论,应经有关机关审批后,方可结案。伤亡事故处理工作一般应当在90 d内结案,特殊情况不得超过180 d。

事故案件的审批权限,同企业的隶属关系及人事管理权限一致。

对事故责任者的处理,应根据其情节轻重和损失大小,主要责任、次要责任、重要责任、一般责任,还是领导责任等,按规定给予处分。

企业接到政府机关的结案批复后,进行事故建档,并接受政府主管部门的行政处罚。事故档案登记应包括以下内容:第一,员工重伤、死亡事故调查报告书,现场勘察资料(记录、图纸、照片);第二,技术鉴定和试验报告;第三,物证、人证调查材料;第四,医疗部门对伤亡者的诊断结论及影印件;第五,事故调查组人员的姓名、职务,并签字;第六,企业或其主管部门对该事故所做的结案报告;第七,受处理人员的检查材料;第八,有关部门对事故的结案批复等。

四、事故的预测

事故预测的目的就是为安全技术和安全管理提供决策的依据,进而为工程规划、发展计划提供先决条件。

根据因果论的观点,事故的发生总是由于过去或现在一连串人的操作失误和机器的失效引起的,而这些失误和失效表现的形式也很复杂,有些是显现的,如人的误操作、机器的破损;有些是潜在的,以逐渐量变的形式向危险逼近,如人的识别差错、机器泄漏等。事故预测就是对引发事故的各种因素、各种因素发生的可能性及各种因素对造成事故的危险程度进行预测,从而找出控制事故发生的最佳方案,为安全技术措施确定重点工程,为安全生产管理工作提供系统管理的目标[①]

---

①李志远. 市政工程项目施工中安全管理的创新研究[J]. 区域治理,2018(22):52.

五、事故的预防

为了切实达到预防事故和减少事故损失的目标,应采取以下安全技术措施。

(一)改进生产工艺,实现机械化、自动化

随着科学技术的发展,建筑企业不断改进生产工艺,加快了实现机械化、自动化的过程,促进了生产的发展,提高了安全技术水平,大大减轻了工人的劳动强度,保证了职工的安全和健康。如采取机械化的喷涂抹灰,工效提高了 2~4 倍,不但保证了工程质量,还减轻了工人的劳动强度,保护了施工人员的安全。因此,在编施工组织设计时,应尽量优先考虑采用新工艺、机械化、自动化的生产手段,为安全生产、预防事故创造条件。

(二)设置安全装置

1.防护装置

防护装置是用屏保方法与手段,把人体与生产活动中出现的危险部位隔离开来的设施和设备。

施工活动中的危险部位主要有"四口"、机具、车辆、暂设电器、高温高压容器及原始环境中遗留下来的不安全因素等。防护装置的种类繁多,应随时检查增补,做到防护严密,具体要求如下:第一,在"四口""五临边"处理上要按建设部标准设置水平及立体防护,使劳动者有安全感。第二,在机械设备上做到轮有罩、轴有套,使其转动部分与人体绝对隔离开来。第三,在施工用电中,要做到"四级"保险;遗留在施工现场的危险因素,要有隔离措施(如高压线路的隔离防护设施等)。第四,项目经理和管理人员应经常检查并教育施工人员正确使用安全防护装置并严加保护,不得随意破坏、拆卸和废弃。

2.保险装置

保险装置是指机械设备在非正常操作和运行时能够自动控制和消除危险的设施设备,也可以说是保障设施设备和人身安全的装置。如锅炉、压力容器的安全阀,供电设施的触电保安器,各种提升设备的断绳保险器等。

3.信号装置

信号装置是利用人的视、听觉反应原理制造的装置。他是应用信号指示或警告工人该做什么、该躲避什么。信号装置可分为以下三种：第一，颜色信号，如指挥起重工的红、绿手旗，场内道路上的红、绿、黄灯。第二，音响信号，如塔吊上的电铃、指挥吹的口哨等。第三，指示仪表信号，如压力表、水位表、温度计等。

4.危险警示标志

危险警示标志是警示工人进入施工现场应注意或必须做到的统一措施，通常以简短的文字或明确的图形符号予以显示，例如，"禁止烟火！危险！ 有电！"等。各类图形通常配以红、蓝、黄、绿颜色，红色表示危险禁止，蓝色表示指令，黄色表示警告，绿色表示安全。国家发布的安全标志对保持安全生产起到了促进作用，必须按标准予以实施。

（三）预防性的机械强度试验和电气绝缘检验

1.预防性的机械强度试验

施工现场的机械设备，特别是自行设计组装的临时设施和各种材料、构件、部件均应进行机械强度试验。必须在满足设计和使用功能时方可投入正常使用。有些还须定期或不定期地进行试验，如施工用的钢丝绳、钢材、钢筋、机件及自行设计的吊篮架、外挂架子等，在使用前必须做承载试验，这种试验，是确保施工安全的有效措施。

2.电气绝缘检验

电气设备的绝缘是否可靠，不仅关系电业人员的安全问题，也关系到整个施工现场财产、人员的设施。由于施工现场多工种联合作业，使用电气设备的工种不断增多，更应重视电气绝缘问题。因此，要保证良好的作业环境，使机电设施、设备正常运转，不断更新老化及被损坏的电气设备和线路是必须采取的预防措施。为及时发现隐患，消除危险源，则要求在施工前、施工中、施工后均应对电气绝缘进行检验。

（四）机械设备的维修保养和有计划的检修

随着施工机械化的发展，各种先进的大、中、小型机械设备得以进入工地，但由于建筑施工要经常变化施工地点和条件，机械设备不得不经常拆卸、安装。就机械设备本身而言,各零部件也会产生自然和人为的磨损,如果不及时地发现和处理,就会导致事故发生,轻者影响生产,重者将会机毁人亡,给企业乃至社会造成无法弥补的损失。因此,要保持设备的良好状态,提高其使用期限和效率,有效地预防事故就必须进行经常性的维修保养。

1.机械设备的维修和保养

各种机械设备是根据不同的使用功能设计生产出来的,除了一般的要求外,也具有特殊的要求。即要严格坚持机械设备的维护保养规则,要按照其操作过程进行保护,使用后需及时加油清洗,使其减少磨损,确保正常运转,尽量延长寿命,提高完好率和使用率。

2.计划检修

为了确保机械设备正常运转,对每类机械设备均应建立档案(租赁的设备由设备产权单位建档),以便及时地按每台机械设备的具体情况,进行定期的大、中、小检修,在检修时要严格遵守规章制度,遵守安全技术规定,遵守先检查后使用的原则,绝不允许为了赶进度,违章指挥,违章作业,让机械设备"带病"工作。

(五)文明施工

当前开展文明安全施工活动,已纳入各级政府及主管部门对企业考核的重要指标。一个工地是否科学组织生产,规范化、标准化管理现场,已成为评价一个企业综合管理素质的一个主要因素。

实践证明,一个施工现场如果做到整体规划有序、平面布置合理、临时设施整齐划一,原材料、构配件堆放整齐,各种防护齐全有效,各种标志醒目、施工生产管理人员遵章守纪,那么这个施工企业一定获得较大的经济效益、社会效益和环境效益。反之,将会造成不良的影响。因此,文明施工也是预防安全事故,提高企业素质的综合手段。

(六)合理使用劳动保护用品

适时地供应劳动保护用品,是在施工生产过程中预防事故、保护工人安全和健康的一种辅助手段。这虽不是主要手段,但在一定的地点、时间条件下却能起到不可估量的作用。因此统一采购,妥善保管,正确使用防护用品也是预防事故、减轻伤害程度的不可缺少的措施之一。

(七)普及安全技术知识教育

随着改革开放,大量农村富余劳动力,以各种形式进入施工现场,从事他们不熟悉的工作,他们十分缺乏施工现场安全知识。因此,绝大多数事故发生在他们身上,据有关部门统计,一般因工伤亡事故的农民工占80%以上,有的企业100%出现在他们身上,如果能从招工审查、技术培训、施工管理、行政生活上严格加强民主管理,将事故减少50%以上,则许多生命将被挽救。因此这是当前以及将来预防事故的一个重要方面。

随着国家法制建设的不断加强,施工企业的法律、规程、标准已经大量出台。只要认真地贯彻安全技术操作规程,并不断补充完善其实施细则,市政企业落实"安全第一,预防为主"的方针就会实现,大量的伤亡事故就会减少和杜绝。

第三节　市政工程施工现场保安管理

一、市政工程施工现场保安管理概述

(一)施工现场保卫工作的重要性

施工现场保卫工作对现场的安全及工程质量、成品保护有着重要的意义,必须予以充分的重视。一般施工现场的保安工作应由项目总承包单位负责或委托给施工总承包的单位负责。

施工现场的保卫工作十分重要,因此,施工现场必须设立门卫,根据需要设置警卫,负责施工现场安全保卫工作,并采取必要的措施。主要管理人员应在施工现场佩戴证明其身份的标识。严格进行现场人员的进出管理。

(二)施工现场保卫工作的内容

建立完整可行的保卫制度,包括领导分工,管理机构,管理程序和要

求,防范措施等。组建一支精干负责,有快速反应能力的警卫人员队伍,并与当地公安机关取得联系,求得支持。当前不少单位组建了经济民警队伍,这是一种比较好的形式。

施工现场应设立围墙、大门和标牌(特殊工程,有保密要求的除外),防止与施工无关人员随意进出现场。围墙、大门、标牌的设立应符合政府主管部门颁发的有关规定。

严格门卫管理。管理单位应发给现场施工人员专门的出入证件,凭证件出入现场。大型重要工程根据需要可实行分区管理,即根据工程进度,将整个施工现场划分为若干区域,分设出入口,每个区域使用不同的出入证件。对出入证件的发放管理要严肃认真,并应定期更换。

一般情况下项目现场谢绝参观,不接待会客。对临时来到现场的外单位人员、车辆等要做好登记[①]。

二、市政工程现场保安管理制度

(一)制订目的

为全力做好项目安全保卫工作,保障项目秩序治安良好,工地财物不受损失、无火灾事故案件、施工顺利有序进行及进入施工现场人财物的安全。

(二)工作目标

安全工作目标:杜绝重大治安案例,防范重大治安事故案例,保障人身、项目财产安全和工程项目顺利进行。

治安保卫目标:杜绝发生偷盗和各类治安、消防案件事故发生。

(三)保安职责

坚决服从项目的各项指令,严格遵守工地安全保卫制度,执行交接班制度,对工作认真负责,做到谁当班谁负责的原则,秉公办事,不徇私舞弊,不歧视农民工及他人,文明执勤,保持高度警惕性,敢于挺身而出制止各类违法、违规乱纪行为。

熟悉本岗位的任务和要求,认真贯彻执行工地安全保卫的岗位职责,

---

①孙文. 市政工程项目施工现场安全管理浅析[J]. 建筑工程技术与设计,2019(18):32-35.

做好本职工作,确保当班期间治安安全。

在岗位区域内加强巡逻,时刻保持警惕,果断处理好突发事件和消防安全隐患,发现可疑人和事要认真盘查,仔细询问。

按照要求统一着装,按时上下班,并做好当班值班记录和物品、代办事项的交接工作,爱护项目设备设施。

上岗时做好"四防"(防火、防盗、防破坏、防自然灾害)等工作,发现问题及时查明情况,在个人能力范围内处理问题,并及时上报主管领导。

熟悉岗位任务和工作程序,夜班值班保持精神高度集中,严密注意区域内外的人员及车辆动态,对区域内发生的事情要认真仔细处理,不得推诿和消极应付,发现违法犯罪人员要坚决设法抓获,并立即上报项目主管领导。

爱护门卫设施设备及配发的物品,节约用水用电,对工地项目内的一切设施、财物不得随意移动或擅自使用,熟悉各种灭火器材及消防水带的使用方法及各类火灾的灭火方法,遇到突发事件能正确进行及时有效处理。

(四)保安工作守则

保安工作守则:服从命令,听从指挥,尊重领导,团结同事;遵纪守法,做好项目区域内的治安安全防范和消防保卫工作;注重个人文明礼仪形象,文明执勤礼貌待人,时刻保持值班岗位内干净整洁,值班室不得歧视民工,时刻保持项目的声誉和利益;爱护工地内的物品和装备,不得随意损坏,发现人为损坏及时制止,不得有事不关己的思想;熟悉职责的权限范围,切实参照岗位职责开展工作,不得越权办事,或无故与队员及工人发生矛盾;不准欺瞒虚报,假公济私,不准利用工作之便接受礼物或贿赂、获取不正当收入,上班期间不做与工作无关的事;切实做好岗位职责范围内的一切工作,预防火灾事故案例,做好"四防"工作;岗位工作及时有效处理,不得故意拖延和故意移交他人推诿,在内里范围外的要及时上报。

(五)保安处理突发事件原则

当班人员应迅速报告项目主管领导,主管领导根据事态情况尽快向项目经理汇报。档案人员应根据具体情况，采取适当方法保护和封锁现场，禁止无关人员进入，以免破坏现场，影响证据的收集。抓紧时间向发现人了解事件的发生经过，尽可能地多了解情况并做好记。向到达现场的公安人员认真汇报案件发生情况，协助破案。

第九章 市政工程竣工验收管理

收尾阶段是施工项目生命周期的最后阶段,没有这个阶段,项目就不能正式投入使用。如果不能做好必要的收尾工作,项目各干系人就不能终止他们为完成本项目所承担的义务和责任,也不能及时从项目获取应得的利益。因此,当项目的所有活动均已完成,或者虽然未完成,但由于某种原因而必须停止并结束时,项目经理部应当做好项目收尾管理工作。市政工程项目收尾管理是指对项目的收尾、试运行、竣工验收、竣工结算、竣工决算、考核评价、回访保修等进行的计划、组织、协调和控制等活动。

第一节 市政工程验收概述

市政工程的竣工验收是指合同当事人的承包主体按设计文件、图纸和施工合同规定完成了施工任务,由合同当事人的发包主体按照工程建设法律法规和相关合同规定,组织其他项目参与人对施工项目进行检验接收的过程。

一、市政工程竣工收尾

市政工程施工项目竣工收尾阶段工作的特点是:大量的施工任务已经完成,小的修补任务却十分零碎;在人力和物力方面,主要力量已经转移到新的工程上去,只保留少量的力量进行扫尾和清理;在业务和技术人员方面,施工技术指导工作已经不多,却有大量的资料综合、整理工作要做。因此,在这个时期,项目经理部必须做好各项收尾、竣工准备和善后工作[①]。

(一)竣工收尾工作小组

市政工程进入竣工收尾阶段,项目经理部要有的放矢地组织配备好竣工收尾工作小组,明确分工管理责任制,做到因事设岗,以岗定责,以责考核,限期完成。收尾工作小组要由项目经理亲自领导,成员包括技术负责人、生产负责人、质量负责人、材料负责人、班组负责人等多方面的人员参加,收尾项目完工要有验证手续,建立完善的收尾工作制度,形成目标管理保证体系。

(二)竣工计划

竣工收尾是施工结束阶段管理工作的关键环节,项目经理部应编制详细的竣工收尾工作计划,采取有效措施逐项落实,保证按期完成任务。

1.竣工计划的编制程序

市政工程竣工计划的编制应按以下程序进行:首先,制订项目竣工计划。项目收尾应详细清理项目竣工收尾的工程内容,列出清单,做到安排的竣工计划有切实可靠的依据。其次,审核项目竣工计划。项目经理应全面掌握项目竣工收尾条件,认真审核项目竣工内容,做到安排的竣工计划有具体可行的措施。最后,批准项目竣工计划。上级主管部门应调查核实项目竣工收尾情况,按照报批程序执行,做到安排的竣工计划有目标可控的保证。

2.竣工计划的内容

市政工程竣工计划的内容,应包括现场施工和资料整理两个部分,两者缺一不可,两部分都关系到竣工条件的形成,具体包括以下几个方面:竣工项目名称;竣工项目收尾具体内容;竣工项目质量要求;竣工项目进度计划安排;竣工项目文件档案资料整理要求。项目竣工计划的内容编制格式见表9-1。

---

①王建.市政给排水工程的施工检验验收要点分析[J].中国房地产业,2019(14):246.

表9-1　项目竣工计划

序号	收尾项目名称	简要内容	起止时间	作业队组	班组长	竣工资料	整理人	验证人

3.竣工计划的检查

竣工收尾阶段前,项目经理和技术负责人应定期和不定期地组织对项目竣工计划进行反复的检查。有关施工、质量、安全、材料等技术,管理人员要积极协作配合,对列入计划的收尾、修补、成品保护、资料整理、场地清扫等内容,要按分工原则逐项检查核对,做到完工一项,验证一项,消除一项,不给竣工收尾留下遗留问题。

竣工计划的检查应依据法律、行政法规和强制性标准的规定严格进行,发现偏差要及时进行调整、纠偏,发现问题要强制执行整改。竣工计划的检查应满足下列要求:第一,全部收尾项目施工完毕,工程符合竣工验收条件的要求;第二,工程的施工质量经过自检合格,各种检查记录、评定资料齐备;第三,水、电、气,设备安装,智能化等经过试验、调试,达到使用功能的要求;第四,建筑物四周2m以内的场地达到了工完、料净、场地清;第五,工程技术档案和施工管理资料收集、整理齐全,装订成册,符合竣工验收规定。

二、市政工程竣工验收

(一)竣工验收的概念

工程竣工验收是指承包人按施工合同完成了施工全部任务,经检验合格,由发承包人组织验收的过程。项目的交工主体应是合同当事人的承包主体。验收主题应是合同当事人的发包主体,其他项目参与人则是项目竣工验收的相关组织。

1.全面考察市政工程项目的施工质量

竣工验收阶段通过对已竣工工程的检查和试验,考核承包商的施工成果是否达到了设计要求而形成生产或使用能力,可以正式转入生产运行。通过竣工验收,及时发现和解决影响生产和使用方面存在的问题,以保证工程项目按照设计要求的各项技术经济指标正常投入运行。

2.明确合同责任

能否顺利通过竣工验收,是判别承包商是否按施工承包合同约定的责任范围完成了施工任务的标志。完满地通过竣工验收后,承包商即可以与业主办理竣工结算手续,将所施工的工程移交给业主使用和照管。

3.工程项目转入投产使用的必备程序

工程项目竣工验收也是国家全面考核项目建设成果,检验项目决策、设计、施工、设备制造和管理水平以及总结建设项目建设经验的重要环节。一个建设项目建成投产交付使用后,能否取得预想的宏观效益,需要经过国家权威管理部门按照技术规范、技术标准组织验收确认。

(二)竣工验收的依据

市政工程项目竣工验收的主要依据包括以下几方面。

1.上级部门批准的设计文件、施工图纸和说明书

主要内容包括可行性研究报告、设计施工图和各种与工程项目相关的法律文件。

2.发包人和承包人签订的施工合同

包括施工承包方的工作内容和履约责任,含施工过程中的变更通知书等。发包人和承包人在项目竣工验收时必须依照施工合同约定执行,否则应承担相应的法律责任。

3.设备技术说明书

包括发包人供应的设备和由承包人采购的设备,都应符合设计标准要求。设备技术说明书是设备安装、维护、质量验收的主要依据。

4.国家规定的竣工验收规范和质量检验标准

项目竣工验收必须依法办事,由于市政工程通常规模较大,涉及的专业较多,相应的验收规范和标准也较多,主要包括市政工程施工及验收规范、市政工程质量检验评定标准等。从国外引进技术、引进设备的项目和外资工程也应依据我国有关法律规定提交竣工文件。

(三)竣工验收方式

为了保证市政工程竣工验收的顺利进行,必须按照工程总体计划的要求以及施工进展的实际情况分阶段进行。项目施工达到验收条件的验收方式可分为项目中间验收、单项工程验收和全部工程验收三大类,见表9-2。规模较小、施工内容简单的建设工程项目,也可以一次进行全部项目的竣工验收。

表9-2　市政工程项目验收的方式

类型	验收条件	验收组织
中间验收	按照施工承包合同的约定,施工完成到某一阶段后要进行中间验收;重要的工程部位施工已完成了隐蔽前的准备工作,该工程部位即将置于无法查看的状态	由监理单位组织,业主和承包商派人参加,该部位的验收资料将作为最终验收的依据
单项工程验收(交工验收)	建设项目中的某个合同工程已全部完成;合同内约定有分部分项移交的工程已达到竣工标准,可移交给业主投入使用	由业主组织、会同承包商、监理单位、设计单位及使用单位等有关部门共同进行
全部工程竣工验收(动用验收)	建设项目按设计规定全部建成,达到竣工验收条件;初验结果全部合格;竣工验收所需资料已准备齐全	大、中型和限额以上项目由国家计委或由其委托项目主管部门、地方政府部门组织验收,小型和限额以下项目由项目主管部门组织验收,验收委员会由银行、物资、环保、劳动、统计、消防及其他有关部门组成,业主、监理单位、施工单位、设计单位和使用单位参加验收工作

(四)竣工验收的内容

1.隐蔽工程验收

隐蔽工程是指在施工过程中上一道工序的工作结束,被下一道工序所掩盖,而无法进行复查的部位。对这些工程在下一道工序施工以前,建设单位驻现场人员应按照设计要求及施工规范规定,及时签署隐蔽工程记录手续,以便承包单位继续施工下一道工序,同时,将隐蔽工程记录交承包单位归入技术资料;如不符合有关规定,应以书面形式告诉承包单位,令其处理,符合要求后再进行隐蔽工程验收与签证。

2.分项工程的验收

对于重要的分项工程,建设单位或其代表应按照工程合同的质量等级要求,根据该分项工程施工的实际情况,参照质量评定标准进行验收。在分项工程验收中,必须严格按照有关验收规范选择检查点数,然后计算检验项目和实测项目的合格或优良的百分比,最后确定出该分项工程的质量等级,从而确定能否验收。

3.分部工程验收

在分项工程验收的基础上,根据各分项工程质量验收结论,对照分部工程的质量等级,以便决定可否验收。另外,对单位或分部土建工程完工后交转安装工程施工前,或中间其他过程,均应进行中间验收,承包单位得到建设单位或其中间验收认可的凭证后,才能继续施工。

4.单位工程竣工验收

在分项工程的分部工程验收的基础上,通过对分项分部工程质量等级的统计推断,结合直接反映单位工程结构及性能质量保证资料,便可系统地核查结构是否安全,是否达到设计要求;再结合观感等直观检查以及对整个单位工程进行全面的综合评定,从而决定是否验收。

5.全部验收

全部是指整个建设项目已按设计要求全部建设完成,并已符合竣工验收标准,施工单位预验通过,建设单位初验认可。有设计单位、施工单位、档案管理机关、行业主管部门参加,由建设单位主持的正式验收。

进行全部验收时,对已验收过的单项工程,可以不再进行正式验收和办理验收手续,但应将单项工程验收单独作为全部建设项目验收的附件而加以说明。

(五)工程文件的归档整理

工程文件是市政工程的永久性技术资料,是施工项目进行竣工验收的主要依据,也是市政工程施工情况的重要记录。因此,工程文件的准备必须符合有关规定及规范的要求,必须做到准确、齐全,能够满足市政工程进行维修、改造、扩建时的需要。

1.工程文件归档整理基本规定

工程文件的归档整理应按国家发布的现行标准、规定执行,《建设工程文件归档整理规范》(GB/T 50328—2001)、《科学技术档案案卷构成的一般要求》(GB/T 11822—2000)等。承包人向发包人移交工程文件档案应与编制的清单目录保持一致,需有交接签认手续,并符合移交规定。

2.工程文件资料的内容

工程文件资料主要包括:工程项目开工报告;工程项目竣工报告;分部分项工程和单位工程技术人员名单;图纸会审和设计交底记录;设计变更通知单;技术变更核实单;工程质量事故发生后调查和处理资料;水准点位置、定位测量记录、沉降及位移观测记录;材料、设备、构件的质量合格证明资料;试验、检验报告;隐蔽验收记录及施工日志;竣工图;质量检验评定资料;工程竣工验收及资料。

3.工程文件的交接程序

承包人,包括勘察、设计、施工中必须对工程文件的质量负全面责任,对各分包人做到"开工前有交底,实施中有检查,竣工时有预验",确保工程文件达到一次交验合格。

承包人,包括勘察、设计、施工中根据总分包合同的约定,负责对分包人的工程文件进行中检和预验,有整改的待整改完成后,进行整理汇总一并移交发包人。

承包人根据建设工程合同的约定,在项目竣工验收后,按规定和约定的时间,将全部应移交的工程文件交给发包人,并符合档案管理的要求。

根据工程文件移交验收办法,建设工程发包人应组织有关单位的项目负责人、技术负责人对资料的质量进行检查,验证手续应完备,应移交的资料不齐全,不得进行验收。

4.工程文件的审核

竣工验收时,监理工程师应对以下几方面进行审核:材料、设备构件的质量合格证明材料,试验检验资料,核查隐蔽工程记录及施工记录,审查竣工图。建设项目竣工图是真实地记录各种地下、地上建筑物等详细情况的技术文件,是对工程进行交工验收、维护、扩建、改建的依据,也是使用单位长期保存的技术资料。监理工程师必须根据国家有关规定对竣工图绘制基本要求进行审核,以考查施工单位提交竣工图是否符合要求。

5.工程文件的签证

竣工验收文件资料经监理工程师审查,认为已符合工程承包合同及国家有关规定,而且资料准确、完整、真实,监理工程师便可签署同意竣工验收的意见。

三、市政工程质量验收

市政工程质量验收是竣工验收的一个重要环节,是保证项目工程质量达到设计要求的使用功能和生产价值,实现投资的经济效益和社会效益的关键。质量验收的过程是国家有关部门按照市政工程项目的质量评定标准和验收规范对已完成项目的工程实体质量、施工工艺、隐蔽工程、外在质量的综合评价过程。

四、市政工程项目施工质量验收标准

市政工程项目涉及的专业类别多,相应的施工质量验收标准也要分门别类,总体来说,应遵循以下几点要求。

第一,施工承包方已按批准的设计文件和施工合同的约定按时按量完成施工任务。施工项目质量验收标准必须依法进行,工程发包人与承包人签署的施工合同具有相应的法律效力。《建设工程施工合同(示范文本)》通用条款15.1明文规定:"工程质量应达到协议书约定的质量标准,质量标准的评定以国家或行业的质量检验评定标准为依据。因承包人原因工程质量达不到约定的质量标准,承包人承担违约责任。"所以承包人在交付验收之前应对自己的工程项目组织自检,及时整修不合格产品,达到竣工条件方可上报验收。

第二,工程竣工资料齐全,符合验收条件。《建设工程文件归档整理规范》(GB/T 50328—2011)6.0.2条款规定:"勘察、设计单位应当在任务完成时,施工、监理单位应当在工程竣工验收前,将各自形成的有关工程档案向建设单位归档。"工程文件的内容及其深度必须符合国家有关工程勘察、设计、施工、监理等方面的技术规范、标准和规程。

第三，单位工程质量应达到竣工验收的合格标准。单位工程包含的项目质量应符合《建筑工程施工质量验收统一标准》(GB 50300—2010)的相关规定，对于不合格项目进行整改，方可交付验收。

第四，施工过程中使用的主要建筑材料、设备应提交相应的产品合格证书和抽检报告。

第五，建设项目的子项工程均能满足生产要求，可以交付使用。

第六，建设项目的子项工程包括全部生产性工程和辅助配套工艺均达到质量验收的合格标准，满足投产需要。

五、竣工验收的准备工作

市政工程竣工验收是项目实施过程中的最后一个环节，为保证竣工验收的有效进行，参照施工竣工的验收依据和标准，应做好竣工验收前的各项准备工作。项目经理部是整个工程管理的总负责人，承担项目竣工验收前的各项准备工作，也称作是项目收尾管理。由于市政工程通常规模较大，参与的专业分工也较多，项目收尾工作应当有组织、有计划地对工程实体发包人、承包人和其他项目参与者进行职责分工，制订项目竣工计划，有序地落实竣工验收前的各项收尾工作。项目竣工计划依竣工验收依据和评定标准大致有以下两方面的内容。

(一)项目工程实体收尾

项目工程实体收尾是针对现场的管理工作，主要是由项目经理组成领导班子对施工现场实体工程进行收尾管理。第一，仔细核对施工图纸、合同与项目完成内容，做到无遗漏、无丢失，特别是一些零碎、容易让人忽视的项目应定期检查。第二，做好现场维护工作。对于已经竣工完成的成品应进行有效的保护，做好项目设施的调试工作，清理现场各种临时设施和暂设工程，做好各种物资的回收和转移工作。第三，组织竣工自查工作。为保证项目工程能够顺利通过竣工验收，工程承包方应在收尾阶段组织自查，及时发现缺失进行整改。

(二)竣工验收资料的整理

竣工验收资料是项目施工竣工验收的依据，是工程实施情况的重要记录。由项目经理组织各个专业技术负责人,由内业技术人员按照《建设工程文件归档整理规范》有关规定负责技术档案资料的收集整理工作。市政工程竣工验收资料主要包含:工程项目的开工、竣工报告;分项、分部工程和单位工程技术人员名单;图纸会审和设计交底记录;设计变更通知单;技术变更核实单;工程质量事故发生后调查和处理资料;测量观测记录;材料、设备、构件的质量合格资料;试验、自检报告;隐蔽验收记录及施工日志;竣工图;质量检验评定资料;工程竣工验收资料等。

六、质量不合格的处理

市政工程竣工验收前应保证各项工程质量符合验收标准,当项目工程质量不符合要求时,应作如下几点处理:第一,对于一些不能满足验收标准或者与相关要求有偏差,但通过返修或更换可以满足要求的子项目,在施工单位进行返修或更换设备后,应对其进行重新验收检查。第二,因为工程设计文件在标准规范要求的参考值基础上通常留有安全余量,所以经有资质的检测单位鉴定达不到设计要求,但经原设计单位核算满足生产安全和使用功能的项目,应予以验收。第三,经返工或加固的工程,虽然改变外形尺寸,影响一些次要的使用功能,但从经济层面考虑,在不影响其使用要求的前提下,可按技术处理方案和协商文件进行验收。第四,经返工或加固后仍然不能满足生产使用要求的工程严禁验收。

第二节 竣工验收程序

一、施工单位竣工自检

施工单位依据制订的项目竣工计划,在确认已按照签署的合同文件完成全部项目工程,已具备申请竣工验收资格的情况下,应先组织内部自检工作,以确保能够及时发现问题并进行整改,不影响竣工验收的后续工作。

若项目是承包人独立承包的,竣工自检应由项目经理部组织各专业技术负责人依照法律对工程施工质量、设备安装、材料安全、内业资料等方面的要求进行检查核对,做好质量评定记录和自检报告 [①]。

若项目实行总分包模式管理,各分包人与总包人在法律上承担质量连带责任。应先由分包人组织内部对分包工程进行自检,做好自检报告并连同全部施工技术资料提交于总包人复检验收。市政工程总分包项目竣工报检流程如图9-1所示。

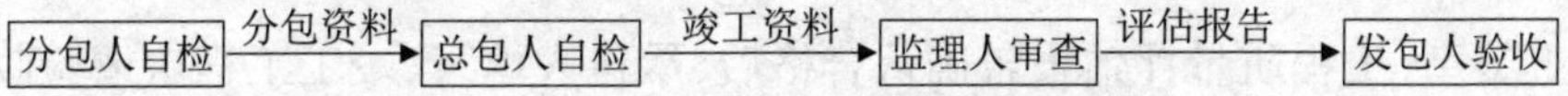

分包人自检 → 分包资料 → 总包人自检 → 竣工资料 → 监理人审查 → 评估报告 → 发包人验收

图9-1　市政工程总分包项目竣工报检流程

二、施工单位提交工程竣工报验单

《中华人民共和国建筑法》第三十条规定,"国家推行建筑工程监理制度",建筑工程监理应当依照法律、行政法规及有关的技术标准、设计文件和建筑工程承包合同,对承包单位在施工质量、建设工期和建设资金使用等方面,代表建设单位实施监督。《建设工程质量管理条例》第三十条规定:"未经监理工程师签字,建筑材料、建筑构配件和设备不得在工程上使用或者安装,施工单位不得进行下一道工序的施工。未经总监理工程师签字,建设单位不拨付工程款,不进行竣工验收。"

监理公司受发包人委托,依法对项目的施工过程进行监管,当施工单位完成自检程序后,承包人应向监理公司提交工程竣工报验单,由监理公司组织竣工预验收,审查项目是否符合正式竣工验收条件。

三、监理单位做现场预检

监理单位收到承包方提交的工程竣工报验单后,应根据验收法律法规、设计文件和施工合同的规定对项目工程进行预验收,对施工单位提交的技术资料和施工管理资料进行审查。《建设工程监理规范》明文规定总监理工程师在竣工验收阶段应"审核签认分部工程和单位工程质量检验评定资料,审查承包单位的竣工申请,组织监理人员对待验收的工程项目进行质量检查,参与工程项目的竣工验收"。承包人递交的"工程竣

---

①杨桂生.电力工程项目的竣工验收分析[J].电力系统装备,2019(17):195-196.

工报验单"必须由总监理工程师签署。监理人员在对施工项目进行预验收时,如果发现存有问题或者与验收规范存有偏差,应及时知会施工单位及时整改,进行返工或加固处理。整改完成总监理工程师在工程竣工报验单上签字并提出工程质量评估报告,未经总监理工程师签字不得组织竣工验收。

四、正式验收的人员组成

项目工程经过承包方内部自检,监理方预检并在"工程竣工报验单"上签字,工程质量评估报告确认合格后,承包人填写"竣工工程申请验收报告"给发包人,申请正式验收。发包人接到承包人的验收申请,应落实相关工程参与单位组成验收委员会或验收小组,确定验收方案,拟定验收时间等。正式验收的人员组成包括勘察、设计、发包方、总承包单位和分包单位、施工图审查机构及监理、规划、公安消防、环保、档案等部门的负责人。

五、竣工验收的步骤

为了保证市政工程竣工验收有序进行,按照项目工程的划分标准,竣工验收的步骤一般分为以下三个阶段。

(一)单位工程竣工验收

单位工程是单项工程的组成部分,是具有独立的设计文件,具备独立施工条件并能形成独立使用功能,但竣工后不能独立发挥生产能力或使用效益的工程。单位工程以专业划分。以公路工程为例,一个标段工程为单项工程,而每个标段的路基工程、路面工程就是单位工程。市政工程项目通常规模大,涉及专业分工多,将一些大型的、技术较为复杂的工程项目划分为几个单位工程,以单位工程为对象签订独立的施工合同,按照工序进行分阶段验收。当单位工程完工达到竣工条件后,承包人可按照合同约定先行交工验收,保证整个工程项目顺利进行。

(二)单项工程竣工验收

单项工程是工程项目的组成部分,是独立设计,独立施工,竣工后可以独立发挥生产能力和工程效益的工程。单项工程竣工验收以单项工程为独立个体,承包方在已按照施工合同完成负责承担的所有项目并经过项目部自检、监理单位预检合格后,向发包人申请正式交工验收,发包人应按照约定的程序及时组织相关部门进行正式验收工作。若一个单项工程实行总分包模式,当分包人已按计划完成承担项目并达到验收标准时,也可申请单独交工验收,但验收时必须有总包人在场。

(三)全部工程竣工验收

全部工程竣工验收是指整个工程项目依照设计文件和合同约定完成全部任务,已经达到竣工验收标准,由发包人组织项目参与各方(设计、施工、监理和建设单位负责人)进行工程的面验收。全部工程竣工验收是对整个工程项目的综合评价,通常是在单位工程、单项工程竣工验收的基础上进行的,对于已经交验的单位工程和单项工程原则上不再进行重复验收,但其验收报告应作为审查内容在全部工程验收中备注说明。

六、竣工验收质量核定

竣工验收质量核定是城市建设机关的工程质量监督部门按照设计文件的要求和国家的《工程质量检验评定标准》对竣工工程的质量等级进行核定的行为,是工程竣工验收阶段的重要步骤。

(一)竣工验收质量核定的方法和步骤

竣工验收质量核定的方法和步骤:第一,单位工程完成之后,施工单位应按照国家检验评定标准的规定进行自验,符合有关规范、设计文件和合同要求的质量标准后,提交建设单位。第二,建设单位组织设计、监理、施工等单位,对工程质量评出等级,并向有关的监督机构申报竣工工程质量核定。第三,监督机构在受理了竣工工程质量核定后,按照国家的《工程质量检验评定标准》进行核定,经核定合格或优良的工程,发给合格证书,并说明其质量等级;工程交付使用后,如工程质量出现永久缺陷等严重问题,监督机构将收回合格证书,并予以公布。第四,经监督机构核定不合格的单位工程,不发给合格证书,不准投入使用,责任单位在规定期限返修后,再重新进行申报、核定。第五,在核定中,如施工单位资料不能说明结构安全或不能保证使用功能的,由施工单位委托法定监测单位进行检测,并由监督机构对隐瞒事故者进行依法处理。

(二)市政工程的质量等级评定

同一检查项目中的合格点(组数)市政工程的质量评定分为"合格"和"优良"两种。质量不符合规定的单位工程经返修后应重新评定质量等级,经加固而改变结构外形或造成永久缺陷(但不影响其使用效果)的工程,一律不得评为优良。

第三节 竣工验收组织内容与移交保修

一、竣工验收组织与内容

(一)竣工验收组织

市政工程竣工验收是由发包方负责组织的,发包人接到承包人提交的竣工验收申请报告后,应依照当地建设行政监管部门印发的格式,签署同意竣工验收件,及时将"工程验收告知单"提交有关单位进行验收工作。如果超出约定时间不进行竣工验收或无提出修改意见,则视为竣工验收通过。

参与正式验收工作的人员包括项目工程涉及的各个单位,包括设计、施工、监理、建设单位和国家相关监管部门(规划、消防、环保、统计、质检)等。各个单位应派出总负责人和代表组成验收委员会或验收小组到现场参加验收活动,必要时还要邀请有关专家组成专家组对各个专业项目进行审查。

(二)竣工验收的内容

竣工验收是验收委员会或验收小组对工程项目进行综合评价,包括对各单位工程、单项工程资料和质量的审查,还应对整体全部工程项目进行验收核定。市政工程竣工验收的主要内容有以下几点:第一,审查工程项目各个环节(单位工程、单项工程)的竣工验收情况;第二,听取设计、施工、监理等各个单位的工作报告;第三,对工程技术档案资料进行审查,包括材料、构件和设备的质量合格证明,自检、预检资料以及隐蔽工程记录、验收报告和竣工图等;第四,实地考察,对工程项目进行全面质量验收包括设计、施工、设备安装调试、消防安全等方面。

竣工验收委员会在验收完成后,确认工程项目符合交工验收的要求,应完成竣工验收会议纪要并签署《工程竣工验收报告》,对遗漏问题提出整改意见。

二、工程移交与保修

(一)工程项目的移交

市政工程项目的移交是指施工项目已全部按照国家或地方建设行政主管部门的规定完成竣工验收,承包人已对验收过程中提出的问题进行整改并验收合格后,由承包人编制工程移交表格向发包人交付工程项目所有权的过程。工程项目的移交包括两个部分:工程实体的移交和工程资料的移交。

1.工程实体的移交

工程项目经验收合格后,承包人应按工程建设管理办法(或与业主约定的交工方式)移交市政工程项目。工程实体移交的主要内容包括:①承包方实施承包的全部实体工程;②工程项目的全部附属设施,包括各房门钥匙、设备使用密码、工具及备用品等;③与工程项目实物配套的相关附件、备用件及资料等。对于一些施工工艺比较复杂的项目和设备,应对移交方进行专业使用培训,移交培训教程和维修保养说明书。

2.工程资料的移交

工程资料文档是市政工程项目的永久性技术资料,是整个施工过程的重要记录。在工程竣工验收后,承包方应按照《建设工程文件归档整理规范》的规定,对工程文档进行分类组卷,编制移交清单移交发包人签认后完成交接。工程文件移交的主要内容包括:第一,工程项目的指导性文件,如可行性研究报告、招投标文档、设计图纸、施工组织设计、设计交底记录等;第二,施工过程的记录性文件,如施工日志、测量记录、自检验收记录、设计及技术变更等;第三,施工过程的质量保证性文件,如各种材料、设备、构件的质量合格证明等;第四,对产品的评定文件,如各分项、分部质量检验评定资料;第五,工程竣工验收资料等。

(二)工程项目的保修

市政工程项目交付使用后,在一定期限内施工单位应到建设单位进行工程回访。对由于施工责任造成的使用问题,应由施工单位负责修理,直至达到能正常使用为止。

项目回访保修,体现了承包者对建设工程项目负责的态度和优质服务的作风,并在回访保修的同时,进一步发现施工中的薄弱环节,对今后提升施工工艺、总结施工经验、提高施工技术和质量管理水平,这是十分重要的。

施工项目回访保修是我国工程建设的一项基本法律制度,《建设工程质量管理条例》规定,建设工程实行质量保修制度。承包人在市政工程竣工验收之前,与发包人签订质量保修书,工程在交付使用后,承包人在规定的保修期(缺陷责任期)内,对工程项目进行回访,对施工造成的质量问题进行保修,直到工程保修期结束为止。工程项目的保修包括回访和保修两个部分。

1.回访保修制度

回保修制度是市政工程项目在竣工验收交付使用后,在一定的期限内由施工单位主动到建设单位或对用户进行回访,对工程发生的确实是由于施工单位施工责任造成的建筑物使用功能不良或无法使用的问题,由施工单位负责修理,直至达到正常使用的标准。回访保修制度属于市政工程项目竣工收尾管理范畴,在项目管理中,体现了项目承包者对市政工程项目负责到底的精神,体现了社会主义施工企业"为人民服务,对用户负责"的宗旨。施工企业必须做到:施工前为用户着想,施工中对用户负责,竣工后让用户满意,积极做好保试运、保投产、保使用和回访保修工作。

根据《建设工程质量管理条例》规定,市政工程实行质量保修制度。市政工程质量保修制度是国家所确定的重要法律制度。完善市政工程质量保修制度,对于促进承包方加强质量管理,保护用户及消费者的合法权益可起到重要的保障作用。市政工程保修制度是指建设工程在办理交工验收手续后,在规定的保修期限内,因勘察设计、施工、材料等原因造成的质量缺陷,应当由责任单位负责维修。质量缺陷是指工程不符合国家或行业现行的有关技术标准、设计文件以及合同中对质量的要求[①]。

2.回访工作计划

在项目经理的领导下,由生产、技术、质量及有关方面人员组成回访小组,并制订具体的项目回访工作计划。回访保修工作计划应形成文件,每次回访结束应填写回访记录,并对质量保修进行验证。回访应关注发包人及其他相关方对竣工项目质量的反馈意见,并及时根据情况实施改进措施。

(1)回访工作计划的内容

为了有效进行工程项目的质量管理,及时了解项目在使用过程中出现的问题,由承包人组成项目回访小组,编制项目回访工作计划,适时地对用户进行回访,做好回访记录,对回访过程中反馈的问题及时整改。项目回访工作计划主要包括以下几方面:主管回访保修的部门。执行回访保修工作的单位及人员组成。回访的主要内容及方式、回访时间安排。回访工程记录,主要包括以下几方面:①工程项目在使用过程中出现的问题;②使用单位或用户对工程项目提出的意见;③针对出现的问题应采取的措施或改进的对策;④回访管理部门的检查验证。

(2)回访工作计划编制形式

市政工程项目回访保修工作计划应由承包人的归口管理部门统一编制。市政工程项目回访保修工作计划编制的一般格式见表9-3所示。

表9-3　回访工作计划编制

序号	建设单位	工程名称	保修期限	回访时间安排	参加回访部门	执行单位

①邱传青.建筑工程竣工验收常见问题的治理[J].新商务周刊,2019(1):245.

根据回访保修工作计划的安排,每次回访结束,执行单位或项目经理部应填写"回访工作记录",并撰写回访纪要,执行负责人应在回访记录上签字确认。

回访工作纪要的主要内容一般应包括:存在哪些质量问题;使用人有什么意见;事后应采取什么措施处理;公正客观地记录正反两方面的评价意见。

回访保修的归口管理部门应依据"回访工作记录",对回访服务的实施效果进行检查验证,并填写"项目主控要索监督检查记录(回访用表)"见表9-4,检查、验证部门的有关人员应签字确认。

表9-4 项目主控要素监督检查记录(回访用表)

建设单位		使用单位	
要素名称		检查依据	
检查内容			
检查记录			
检查部门:	检查人:	年　月　日	
验证记录			
验证部门:	验证人	年　月　日	

(3)回访的工作方式

回访的工作方式可以是灵活多样的,包括电话询问、登门座谈、例行回访等方式。市政工程项目回访工作方式一般采用以下几种:第一,例行性回访,按照回访工作计划,在项目保修期内定期进行回访,一般周期为半年或一年一次;第二,季节性回访,主要针对分项工程出现季节性变化的部位进行回访,如雨季回访屋面、墙面工程的渗水情况,冬季回访采暖系统等;第三,技术性回访,主要针对工程项目中采用的新材料、新技术、新工艺、新设备在使用过程中的技术性能和稳定性;第四,保修期满前的回访,这种回访一般是在保修即将届满进行的。

3.工程项目的保修

工程项目自交付使用之日起,在工程保修期内,承包方对工程产品的质量与维修承担法律责任。《建设工程质量管理条例》第三十九条规定:

"建设工程实行质量保修制度。建设工程承包单位在向建设单位提交工程竣工验收报告时,应当向建设单位出具质量保修书。质量保修书中应当明确建设工程的保修范围、保修期限和保修责任等。"在正常使用条件下,根据《建设工程质量管理条例》第四十条规定,工程项目的最低保修期限为:第一,基础设施工程、房屋建筑的地基基础工程和主体结构工程,为设计文件规定的该工程的合理使用年限;第二,屋面防水工程、有防水要求的卫生间、房间和外墙面的防渗漏为五年;第三,供热与供冷系统,为两个采暖期、供冷期;第四,电气管线、给排水管道、设备安装和装修工程,为两年;第五,其他项目的保修期限由发包方与承包方约定。

承包人签署工程质量保修书,其主要内容必须符合法律、行政法规和部门规章已有的规定。没有规定的,应由承包人与发包人约定,并在工程质量保修书中提示。签发工程质量保修书应确定质量保修范围、期限、责任和费用的承担等内容。

参考文献

REFERENCES

[1]白文勇.市政道路工程施工技术现场管理[J].建材发展导向(上),2017(12):252-253.

[2]陈志远.市政工程建设管理系统设计与实现[D].长沙:湖南大学,2016.

[3]郭黎明,韩明举.谈市政工程施工技术及其现场施工管理措施[J].建筑工程技术与设计,2018(21):21.

[4]景冰.浅谈施工组织设计的编制与落地[J].建筑与装饰,2018(4):5-10.

[5]李顺秋.施工组织设计文件的编制[M].北京:中国建筑工业出版社,2015.

[6]李斯海.市政工程建设项目管理理论与实践[M].北京:人民交通出版社,2014.

[7]李燕,孙海枫.市政工程质量检测[M].成都:西南交通大学出版社,2016.

[8]李志远.市政工程项目施工中安全管理的创新研究[J].区域治理,2018(22):52.

[9]龙正兴.综合性市政工程施工组织设计[M].上海:同济大学出版社,2010.

[10]邱传青.建筑工程竣工验收常见问题的治理[J].新商务周刊,2019(1):245.

[11]邱四豪.建设工程施工管理[M].上海:同济大学出版社,2015.

[12]任亚杰.浅析市政工程施工技术及其现场施工管理措施[J].建筑工程技术与设计,2018(4):10.

[13]沈东生.浅谈市政工程施工现场管理技术应用[J].建筑工程技术与设计,2019(14):25.

[14]沈蕾.市政工程施工技术及其现场施工管理分析[J].中国房地产业,2018(35):209.

[15]孙文.市政工程项目施工现场安全管理浅析[J].建筑工程技术与设计,2019(18):32-35.

[16]孙晓君.市政工程项目施工阶段质量管理研究[D].天津:天津大学,2013.

[17]王东升.市政工程安全生产管理[M].青岛:中国海洋大学出版社,2016.

[18]王建.市政给排水工程的施工检验验收要点分析[J].中国房地产业,2019(14):246.

[19]王坤.浅谈施工组织设计编制要点[J].中国建设信息化,2011(3):76-77.

[20]徐行军.市政工程施工组织与管理[M].厦门:厦门大学出版社,2013.

[21]徐玲杰.市政工程质量控制的改进措施[J].魅力中国,2019(21):302-303.

[22]杨桂生.电力工程项目的竣工验收分析[J].电力系统装备,2019(17):195-196.

[23]姚隆.市政工程施工项目管理标准化探究[J].装饰装修天地,2019(20):39.

[24]张红金.市政工程[M].北京:中国计划出版社,2015.

[25]张建平.市政工程计量与计价[M].成都:西南交通大学出版社,2017.

[26]张健.市政工程施工企业的项目全过程成本管理[D].济南:山东大学,2013.

[27]张玉兰.市政公用工程施工项目成本管理探微[J].装饰装修天地,2019(17):163.

[28]周秀川.市政工程施工现场管理探讨[J].装饰装修天地,2019(18):142.